UG NX 2027 中文版快速入门实例教程

胡仁喜 刘昌丽 等编著

机械工业出版社

本书按知识结构共分8章，内容包括UG NX 2027基础、曲线的创建与编辑、草图、实体建模、曲面造型、装配、工程图和综合实例。在介绍的过程中，注意由浅入深、从易到难，各章节既相对独立又前后关联。编者根据自己多年的实践经验及读者学习时通常的学习思路，及时给出总结和相关提示，帮助读者及时快捷地掌握所学知识。本书图文并茂、语言简洁、思路清晰，可以作为初学者的入门教材，也可作为工程技术人员的参考工具书。

图书在版编目（CIP）数据

UG NX 2027中文版快速入门实例教程 / 胡仁喜等编著 . —北京：机械工业出版社，2023.8
ISBN 978-7-111-73592-2

Ⅰ.①U… Ⅱ.①胡… Ⅲ.①计算机辅助设计–应用软件–教材
Ⅳ.① TP391.72

中国国家版本馆 CIP 数据核字（2023）第 138506 号

机械工业出版社（北京市百万庄大街 22 号 邮政编码 100037）
策划编辑：曲彩云 责任编辑：王 珑
责任校对：张昕妍 李 婷 责任印制：任维东
北京中兴印刷有限公司印刷
2023 年 9 月第 1 版第 1 次印刷
184mm×260mm · 18.25 印张 · 448 千字
标准书号：ISBN 978-7-111-73592-2
定价：69.00 元

电话服务 网络服务
客服电话：010-88361066 机 工 官 网：www.cmpbook.com
010-88379833 机 工 官 博：weibo.com/cmp1952
010-68326294 金 书 网：www.golden-book.com
封底无防伪标均为盗版 机工教育服务网：www.cmpedu.com

前　言

UG 是西门子公司出品的集 CAD/CAM/CAE 于一体的软件系统。它的功能覆盖了从概念设计到产品生产的整个过程，并且广泛运用在汽车、航天、模具加工及设计和医疗器材行业等方面。它提供了强大的实体建模技术，具有高效能的曲面建构能力，能够完成最复杂的造形设计，除此之外，装配功能、2D 出图功能、模具加工功能及与 PDM 之间的紧密结合，使得 UG 在工业界成为一套高级 CAD/CAM 系统。

UG 自从 1990 年进入我国以来，以其强大的功能和工程背景，已经在我国的航空、航天、汽车、模具和家电等领域得到广泛的应用。尤其 UG 软件 PC 版本的推出，为 UG 在我国的普及起到了良好的推动作用。

UG NX 2027 是 NX 系列的新版本，它在原版本的基础上进行了多处改进。例如，在创建特征和自由建模方面提供了更加广泛的功能，使得用户可以更快、更高效、更加高质量地设计产品；在制图方面也做了重要的改进，使得制图更加直观、快速和精确，并且更加贴近工业标准。

与市面上同类书相比，本书具有以下鲜明的特点。

1．思路明确，线索清晰

本书重点介绍了 UG NX 2027 的新功能及各种基本方法、操作技巧和应用实例。全书按知识结构共分 8 章，内容包括 UG NX 2027 基础、曲线的创建与编辑、草图、实体建模、曲面造型、装配、工程图及综合实例。在介绍的过程中，注意由浅入深、从易到难，各章节既相对独立又前后关联。编者根据自己多年的实践经验及读者学习时通常的学习思路，及时给出总结和相关提示，帮助读者快捷地掌握所学知识。本书图文并茂、语言简洁、思路清晰，可以作为初学者的入门教材，也可作为工程技术人员的参考工具书。

2．实例丰富，简洁明了

本书所有实例均归类讲解，摆脱了为讲解而讲解的樊篱。在利用实例讲解 UG NX 2027 知识的同时，通过对实例进行剖析和解释，既训练了读者使用 UG NX 2027 软件绘图的能力，又锻炼了读者的工程设计能力。为了帮助读者在短时间内快速掌握软件最核心最主要的功能，本书言简意赅、突出重点、主题明确，能够帮助读者达到快速学习，即学即用的目的。

3．多种手段，立体讲解

本书除利用传统的书面讲解外，随书还配送了多功能学习网盘资料，包含全书实例操作过程录屏讲解 AVI 文件和实例源文件以及额外赠送的相关操作实例的录屏讲解 AVI 电子教材，总教学时长达 300min。读者可以登录百度网盘地址：https://pan.baidu.com/s/1F7qZHzf_o7a LOvDuyFTb2A 下载，密码：swsw（读者如果没有百度网盘，需要先注册一个才能下载）。也可以扫描下面二维码下载：

本书由河北交通职业技术学院的胡仁喜博士和石家庄三维书屋文化传播有限公司的刘昌丽主要编写，其中胡仁喜执笔编写了第 1~5 章，刘昌丽执笔编写了第 6~8 章，康士廷、闫聪聪、杨雪静、卢园、孟培、李亚莉、解江坤、秦志霞、张亭、毛瑢、闫国超、吴秋彦、甘勤涛、李兵、王敏、孙立明、王玮、王培合、王艳池、王义发、王玉秋、张琪、朱玉莲、徐声杰、张俊生、王兵学参加了部分章节的编写和整理工作。由于编者水平有限，书中不足之处在所难免，望广大读者登录网站 www.sjzswsw.com 或发送邮件到 714491436@qq.com 批评指正，编者将不胜感激，也欢迎加入三维书屋图书学习交流群 QQ：334596627 交流探讨。

编　者

目　录

第1章 UG NX 2027 基础

导读

在 UG NX 2027 软件中，所有的操作功能都可以通过菜单命令或是功能区中的按钮来实现。在本章中，用户可以了解到 UG NX 2027 的工作界面、UG NX 2027 中的主要操作命令、系统参数设计的主要方法、UG NX 2027 中常用工具、菜单的使用方法，以及一些具体的图层设置方法。

学 习 要 点

- ◎ 工作界面
- ◎ 基本操作
- ◎ UG NX 2027 系统参数设计
- ◎ UG NX 2027 常用工具

1.1　UG NX 2027 的特点

　　UG NX 2027 软件的主要特点是提供一个基本虚拟产品开发环境，使产品开发从设计到加工实现了数据的无缝集成，从而优化了企业的产品设计与制造，实现了知识驱动和利用知识库进行建模，同时能自上而下进行设计子系统和接口，是完整的系统库的建模。

　　UG NX 2027 具有强大的实体造型功能、曲面造型、虚拟技术和生成工程图等设计功能，而且还可以进行有限元分析、机构运动分析、动力学分析和仿真模拟，提高了产品设计的可靠性。同时，可以用三维的模型直接生成数控代码进行加工制造，其后的处理程序支持多种类型的数控机床。它的内容涉及平面工程制图、三维造型、求逆运算、加工制造、钣金设计和电子线路等。

1.2　工作界面

1.2.1　启动 UG NX 2027

　　有两种办法启动 UG NX 2027：
- ■　双击桌面快捷方式 NX。
- ■　选择"开始"→"所有程序"→"Siemens NX"→"NX"选项。

　　启动 UG NX 2027 后，弹出 UG NX 2027 在没有打开部件文件前的窗口结构，如图 1-1 所示。如果定制用户窗口，则弹出的窗口将不同。

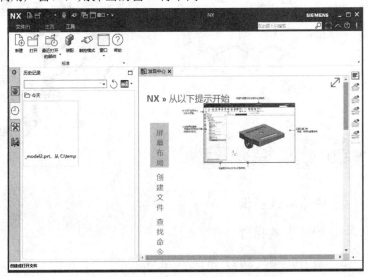

图 1-1　"UG NX 2027"启动工作界面

1.2.2 创建新的文件

单击"标准"组中的"新建"图标，弹出"新建"对话框，如图 1-2 所示。

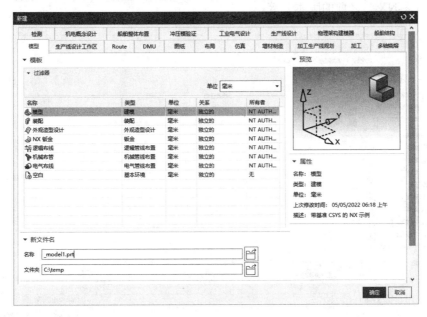

图 1-2　"新建"对话框

新建文件的步骤如下：

1）在对话框中选择要创建的文件类型，包括模型、图纸、仿真和加工等类型。

2）在对话框中选择文件的创建路径。

3）在"名称"文本框中输入创建的文件名。

4）在"单位"下拉列表中选择模型的度量单位。UG NX 2027 提供两种单位：英寸和毫米。

5）完成设置以后单击"确定"按钮，完成新的文件的创建。

在 UG NX 2027 中，零件、装配、工程图等文件都是以.prt 格式保存。

1.2.3 打开已有的文件

单击"主页"选项卡，单击"标准"组中的"打开"图标，弹出"打开"对话框，如图 1-3 所示。

打开文件的步骤如下：

1）选择文件所在目录。

2）选择所要打开的文件，在对话框的右侧可以显示文件的预览。

3）确定后单击"确定"按钮，或者双击自己要打开的文件名。

对话框左下方的"仅加载结构"复选框用于控制在打开一个大型装配部件时是否加载其

中的组件。选中后不加载组件，这样可以快速地打开，此时文件是以非主控模型存在。

UG NX 2027 中可以打开的文件类型包括.prt（部件文件）、.udf（用户自定义特征文件）、.asm（SoildEdge 装配文件）、.par（SoildEdge 部件文件）、.psm（SoildEdge 钣金文件）和.bkm（书签-NX 4 之前的版本）等。

图 1-3 "打开"对话框

1.2.4 基本环境介绍

当新建或者打开文件时，就进入了"NX-建模"的工作界面，如图 1-4 所示。这是建模的基本环境，所有的 UG NX 2027 的建模都是基于这个环境进行。

- 标题栏：显示了当前软件的版本和当前使用的模块名称。
- 功能区：功能区的命令以图形的方式在各个组和库中表示命令功能。以"曲线"选项卡为例，如图 1-5 所示，所有的图形命令都可以在功能区中找到，这样可以使用户避免在菜单中查找命令的烦琐，方便操作。
- 菜单：位于功能区左下方，包含了本软件的主要功能。
- 提示行：主要是显示操作信息，当对 UG NX 2027 中的任意一个操作对象进行操作时，都将在它上面显示相关的执行信息。
- 工作区：就是进行绘制的区域，是用户进行绘图、组装零件等的工作场所，是界面最主要的组成部分。
- 资源工具条：有上网导航、培训教程、历史信息和系统材料等，可以方便用户进行命令查找。

图 1-4　"NX-建模"的工作界面

图 1-5　"曲线"选项卡的各个组和库

1.2.5　保存文件

（1）保存文件。选择"菜单"→"文件"→"保存"选项，也可以使用快捷键 Ctrl+S，系统开始保存。

（2）文件另存。选择"菜单"→"文件"→"保存"→"另存为"选项或者使用快捷键 Ctrl+Shift+A，系统显示"另存为"对话框，如图 1-6 所示。需要在对话框中选择保存路径，输入新的文件名，再单击"OK"按钮，完成文件的保存。

图 1-6   "另存为"对话框

1.3   基本操作

在"新建"对话框的"模型"选项卡中选择"模型"模板，可以进入一般建模环境，如图 1-7 所示。

图 1-7   一般建模环境

一般建模环境的基本组成与基本建模环境（见图 1-4）大同小异，只是功能区中增加了很多建模的图标，便于操作。

提示：打开"文件"选项卡，选择"所有首选项"→"用户界面"，在"用户界面"中选择"布局"选项卡，在用户界面环境中选择经典工具栏，即可使用旧式风格的工具栏，也可以选择"主题"选项卡，在 NX "主题"类型中选择"经典"，即可使用以前版本的经典界面。

图 1-8　菜单

1.3.1　常用菜单命令

菜单如图 1-8 所示，包括了 UG NX 2027 中的所有命令，并把它们进行了分类，分别放在了文件、编辑、视图、插入、格式、工具、装配、信息、分析、首选项、窗口、GC 工具箱和帮助菜单中。当用户单击其中任何一个菜单选项时就会弹出子菜单，方便用户进行选择，其功能见表 1-1。

表 1-1　主菜单及其功能

主菜单名	功　　能
文件	实现文件管理
编辑	执行复制、粘贴等常规编辑操作
视图	实现对模型的显示设置
插入	实现二维和三维的操作
格式	模型格式组织与管理
工具	建立修改工具栏等，便于对特征进行控制
装配	执行装配操作
信息	包含对选择对象的信息查询和相关报告
分析	对部件和装配进行测量和分析
首选项	对建模的界面和环境进行管理
窗口	管理多个窗口
GC 工具箱	多种工具的集合
帮助	实现在线帮助

1.3.2　自定义功能区

启动某个模块以后，UG NX 2027 在默认状态下只是显示一些常用的功能以及常用的图标，当然在不同的建模环境中所列的默认图标也是不一样的。用户可以根据需要自定义功能区。具体方法是：选择"菜单"→"工具"→"定制"选项，弹出"定制"对话框，如图 1-9 所示。在"定制"对话框的"选项卡/条"中，通过选择左侧的功能区可以控制界面中显示的功能区，如图 1-10 所示。如果对自己修改以后的功能区不满意，可以单击"重置"按钮，恢复为默认值。

图 1-9　"定制"对话框　　　　　　　　　图 1-10　功能区菜单

1.3.3　基本视图操作

（1）光标直接选择。当系统提示选择对象的时候，光标在绘图区中的形式变为选择形式，它不但可以选择对象，而且还可以进行各种绘图操作。

（2）常规过滤选择器选择。常规过滤选择器实际上就是一个对象过滤器，它可以通过某些限定条件来选择对象，提高工作效率，特别是在零件很多的情况下更是如此。

单击上边框条中"常规选择过滤器"图标，如图 1-11 所示。显示细节过滤、颜色过滤器和图层过滤器三个选项，通过选择，可以选择符合过滤要求的所有对象。

■　　重叠对象选择。在进行选择的过程中，有的时候选择球变成十字选择形式，这表明在该位置处有多个对象重叠在一起。单击，系统会出现如图 1-12 所示的"快速拾取"对话框。它显示了当前位置处的对象个数、顺序。当把光标停放在所选的选项上时，窗口中的该选项变亮，便于进行选择。

■　　窗口操作。

➤　　放大缩小：可以直接转动鼠标滚轮，或者单击图标 。

➤　　旋转：可以按住鼠标中键实现，或者单击图标 。

➤　　平移：可以按住 Shift 键和鼠标中键实现，或者单击图标 。

图 1-11　"过滤器"下拉菜单　　　　　　　图 1-12　"快速拾取"对话框

1.3.4 图层操作

用户在操作时要根据不同的情况设置图层,一个图层相当于一个覆盖层,层上的对象可以是三维的。一个 UG 文件包含 1~256 个层,每层上可以包含任意数量的对象,因此一个层上可以包含部件中的所有对象,而每个部件中的对象可以分布在一个或是多个层上。在一个部件的所有层中只有一个层是工作层,用户所做的任何操作都是发生在工作层上。其他层可以设为选择层、可见层或是不可见层,以方便用户的操作。图层可以通过选择"菜单"→"格式"→"图层设置"选项进行设定。

执行"图层设置"命令后,系统将弹出如图 1-13 所示的对话框。

■ 工作层:将指定的一个图层设置为工作图层。

■ 按范围/类别选择图层:用于输入范围或图层种类的名称以便进行筛选操作。

图 1-13 "图层设置"对话框

■ 类别显示:用于控制图层类列表框中显示图层类条数目,可使用通配符*,表示接收所有的图层种类。

1.4 UG NX 2027 系统参数设计

"设置"菜单提供了参数设置功能,用户可以在使用具体的功能之前对一些控制参数进行设置。在本节中主要介绍对象参数、显示参数及平面参数的预设置。

1.4.1 对象首选项

选择"菜单"→"首选项"→"对象"选项,系统弹出如图 1-14 所示对话框。在这个对话框中可以设置对象的工作层、颜色、线型、宽度以及透明度等。

图 1-14 "对象首选项"对话框

1.4.2 可视化首选项

选择"菜单"→"首选项"→"可视化"选项，弹出如图 1-15 所示的对话框，可以控制下列影响图形显示的属性。

图 1-15 "可视化首选项"对话框

- 渲染：选择"渲染"选项卡下面的各子选项卡，即可显示相应的参数设置内容，如图 1-16 所示。该选项卡用于设置实体在视图中的显示特性。
    - ➢ "样式"子选项卡：
    - ① 渲染样式：用于为所选的视图设置着色模式。
    - ② 着色边颜色：用于为所选的视图设置着色边的颜色。
    - ③ 动态隐藏边：用于指定所指定视图中隐藏边的显示属性。
    - ④ 光亮度：用于设置着色表面上的光亮强度。
    - ➢ "图形"子选项卡：
    - ① 全景反锯齿：用于设置是否对视图中所有的显示进行处理，使其显示更光滑、更真实。
    - ② 半透明：用于设置处在着色或部分着色模式中的着色对象是否半透明显示。
    - ③ 忽略背面：用于设置是否渲染着色视图中的背面曲面。
    - ④ 线框对照：用于设置是否自动调整线框颜色以实现与背景色的最大对比，从而使模型在图形窗口中清晰可见。
    - ➢ "光顺边"子选项卡：该子选项卡用于设置是否显示光滑面之间的边，还可设置光顺边的颜色、线型、线宽和角度公差。

a）"样式"子选项卡　　　　　　　　　　b）"图形"子选项卡

c）"光顺边"子选项卡

图 1-16　"渲染"选项卡

■　性能：使用这些选项可以设置首选项来提高显示性能（通过边或曲面显示的精度等选项，使用小平面缓存设置避免不必要的细化）和提高处理大模型时的性能。其子选项卡如图 1-17 所示。

　　➤　"精度"子选项卡：

①　显示小平面边：用于设置是否显示着色视图所渲染的三角形小平面的边或轮廓。

②　边精度：可以根据需要将该滑块从"快速"移到"精确"以及其他中间设置。当将该滑块从"快速"移到"精确"后，UG NX 2027 可以生成更为精确的边显示，但系统性能会降低。

③　曲面精度：当将该滑块从"快速"移到"精确"后，UG NX 2027 可以生成更

为精确的曲面显示，但系统性能会降低。

a）"精度"子选项卡

b）"高级"子选项卡

c）"小平面缓存"子选项卡

d）"大模型"子选项卡

图1-17　"性能"选项卡

➢ "高级"子选项卡：

① 分辨率：用于设置分辨率公差，包括"粗糙""标准""精细""特精细""极精细""超精细"和"用户定义"7种。

② 小平面比例：用于调整UG NX 2027设置小平面化公差比例的方式，包括"固定""部件""视图"3种。

➢ "小平面缓存"子选项卡：该子选项卡用于设置是否缓存会话中的小平面并避免不必要的细分。会话中的小平面缓存可提高着色实体的显示操作性能。

➢ "大模型"子选项卡：使用这些选项可以设置首选项以改进大模型的查看特性。这些特性可以应用于任意大小的部件，它们的效果在用于大模型时更为显著。

■ 视图：选择"视图"选项卡下面的各子选项卡，显示相应的参数设置内容，如图1-18所示。该选项卡用于设置视图的交互和装饰首选项，如视图边界和名称。

a）"交互"子选项卡　　　　　b）"装饰"子选项卡

图1-18　"视图"选项卡

➢ "交互"子选项卡：

① 视图动画速度：用于设置从一个视图过渡到另一个视图时动画的速度。

② 适合窗口百分比：用于指定在执行适合窗口操作后模型在图形窗口中占据区域。

➢ "装饰"子选项卡：

① 显示视图三重轴：用于设置是否在图形窗口中显示视图三重轴。

② 坐标系显示属性：用于用于控制坐标系和基准坐标系的显示属性。

③ 显示对象名称：用于控制是否在视图中显示对象、属性、图样和组的名称。如果显示了其中的任意一个，还可以确定它们显示在哪个视图中。

■ 着重：选择"着重"选项卡下面的各子选项卡，显示相应的参数设置内容，如图1-19所示。使用这些选项来设置首选项以应用通透显示效果，从而着重显示重要的几何体。

➢ "几何体"子选项卡：

① 混合颜色：用于指定与对象颜色混合的颜色以取消着重显示线框对象。

② 通透显示样式：用于指定着色几何体的通透显示颜色、边和半透明效果的常规样式。

③ 显示边：用于设置是否显示不太重要的阴影几何体的边。

a）"几何体"子选项卡

b）"优先权"子选项卡

c）"边"子选项卡

图 1-19 "着重"选项卡

> "优先权"子选项卡：
① 全部通透显示：用于设置是否将通透显示效果应用于所有次要对象。
② 工作部件：用于设置是否着重显示工作部件，并取消着重显示装配的其余部分。
> "边"子选项卡：
① 线条反锯齿：用于设置是否对直线、曲线和边的显示进行处理使线条的显示更光滑、更真实。
② 着重边：用于设置着色对象是否突出边缘显示。
■ 线：选择"线"选项卡，显示相应的参数设置内容，如图 1-20 所示。该选项卡用于设置线型和线宽首选项。

图 1-20 "线"选项卡

- 颜色：选择"颜色"选项卡中的各子选项卡，显示相应的参数设置内容，如图 1-21 所示。在该选项卡中，可以设置首选项来确定几何体、手柄和图纸布局在选择或预选等不同情况下的显示颜色。
- 校准：选择"校准"选项卡，显示相应的参数设置内容，如图 1-22 所示。使用这些选项可以校准显示器屏幕的物理尺寸。

a）"几何体"子选项卡

b）"手柄"子选项卡

图 1-21 "颜色"选项卡

c）"图纸布局"子选项卡

图 1-21   "颜色"选项卡（续）

图 1-22   "校准"选项卡

- 重置默认值：选择"重置默认值"选项卡，显示相应的参数设置内容，如图 1-23
  所示。使用这些选项可以将一个或多个可视化首选项重置为用户默认设置所定义
  的值。

图 1-23 "重置默认值"选项卡

1.4.3 栅格首选项

选择"菜单"→"首选项"→"栅格"选项，弹出如图 1-24 所示的对话框。此对话框用来设置图形窗口的网格等。

不在工作平面上对象的显示方式有以下两种：

- 淡化对象：选择此选项，则非工作平面上的对象暗淡显示且可选。
- 使不可选：选择此选项，则非工作平面上的对象暗淡显示，但不可以选择。

图 1-24 "栅格首选项"对话框

1.5 UG NX 2027 常用工具

UG NX 2027 提供了一些工具常用来提高绘图效率,"类选择"对话框就是其中之一。另外还包括"点"对话框、"矢量"对话框、"平面"对话框和"坐标"对话框。

1.5.1 点

"点"对话框用于选择或是绘制一个点,可以通过选择"菜单"→"插入"→"基准"→"点"选项来启动它,如图 1-25 所示。

- 类型:用于设置点的类型。包括 15 种点的捕捉方式。
- 工作坐标系/绝对坐标系:WCS /绝对坐标单选按钮用于进行工作坐标与绝对坐标的切换。其中,WCS 就是系统提供的工作坐标系,可以转动和移动,绝对坐标系是默认的坐标系,其原点和轴向永远保持不变。
- 偏置选项:其下拉列表框用于设置偏移的方式。该下拉列表中提供了 5 种偏移的方式,分别是直角坐标、圆柱坐标、球坐标、沿矢量和沿曲线等。各种偏置将影响到"点"对话框中基准选项的设置值。

图 1-25 "点"对话框

1.5.2 矢量构件

在 UG NX 2027 中,当用户所应用的功能必须定义矢量时,系统会提示"矢量"对话框提供用户定义矢量。"矢量"对话框中共包含 15 种定义矢量的方式。

在图 1-26 所示的对话框中,可以通过选择图标按钮来决定矢量构造方式,选择坐标系,显示或是编辑约束等。

矢量构造方式的含义如下:

- 自动判断的矢量 ⤴:将按照选择的矢量关系来构造新矢量。

- 两点 ✏：任意选择两个点，新矢量的方向就是从第一点指向第二点。
- 曲线/轴矢量 ♫：选择直线或是曲线的对象，即可确定矢量。当选择样条曲线时，其矢量方向由选择的点距离较远的曲线端点指向距离该点近的点。
- 曲线上矢量 ✏：选择曲线，系统自动的构成切向矢量。
- 面/平面法向 ⬯：选择一个已经存在的平面或是圆柱面，将建立平行于平面法线或是圆柱面轴线矢量。

XC YC ZC -XC -YC -ZC：可以分别选择与 XC 轴、YC 轴、ZC 轴平行的方向构造矢量。

图 1-26　"矢量"对话框

1.5.3　类选择

　　"类选择"对话框也是 UG NX 2027 中经常出现的对话框，很多操作中都要对"类选择"对话框进行设置。当系统弹出图 1-27 所示的对话框时，在该对话框中可以通过各种过滤方式和选择方式快速选择对象，然后对对象进行操作。

- 对象：
  - ➢ 选择对象：用于选择对象。
  - ➢ 全选：用于选择所有的对象。
  - ➢ 反选：用于选择在绘图区中未被用户选择的对象。
- 其他选择方法：
  - ➢ 按名称选择：用于输入预选择对象的名称，可使用通配符"？"或"*"。
  - ➢ 选择链：用于选择首尾相接的多个对象。选择方法是首先单击对象链中的第一个对象，再单击最后一个对象，使所选对象呈高亮度显示，最后确定，结束选择对象的操作。
  - ➢ 向上一级：用于选择上一级的对象。当选择了含有群组的对象时，该按钮才被激活。单击该按钮，系统自动选择群组中当前对象的上一级对象。
- 过滤器：
  - ➢ 类型过滤器：通过指定的类型来限制选择对象的范围，当单击"类型过滤器"按钮以后，系统将弹出如图 1-28 所示的对话框。

UG NX 2027 中文版快速入门实例教程

➢ 图层过滤器：通过指定所在的层来限制选择对象的范围。当单击"图层过滤器"按钮以后，系统将弹出如图 1-29 所示的对话框。

图 1-27 "类选择"对话框　　图 1-28 "按类型选择"对话框　　图 1-29 "按图层选择"对话框

➢ 颜色过滤器：通过指定所在的颜色来限制选择对象的范围。当单击"颜色过滤器"按钮以后，系统将弹出如图 1-30 所示的对话框。

➢ 属性过滤器：通过指定所在的属性来限制选择对象的范围。当单击"属性过滤器"按钮以后，系统将弹出如图 1-31 所示的对话框。

➢ 重置过滤器：单击"重置过滤器"按钮，用于恢复成默认的过滤方式。

图 1-30 "对象颜色"对话框　　　　　图 1-31 "按属性选择"对话框

1.6 移动对象

选择"菜单"→"编辑"→"移动对象"选项,弹出如图 1-32 所示"移动对象"对话框。

图 1-32 "移动对象"对话框

- 运动:
  - ➢ 距离:指将选择对象由原来的位置移动到新的位置。
  - ➢ 点到点:用户可以选择参考点和目标点,则这两个点之间的距离和由参考点指向目标点的方向将决定对象的平移方向和距离。
  - ➢ 根据三点旋转:提供三个位于同一个平面内且垂直于矢量轴的参考点,让对象围绕旋转中心,按照这三个点与旋转中心连线形成的角度逆时针旋转。
  - ➢ 将轴与矢量对齐:将对象绕参考点从一个轴向另外一个轴旋转一定的角度。选择起始轴,然后确定终止轴,这两个轴决定了旋转角度的方向。此时可以清楚地看到两个矢量的箭头,而且这两个箭头首先出现在选择轴上,当单击"确定"按钮以后,该箭头就平移到参考点。
  - ➢ 动态:用于将选择的对象相对于参考坐标系中的位置和方位移动(或复制)到目标坐标系中,使建立的新对象的位置和方位相对于目标坐标系保持不变。
- 移动原先的:该选项用于移动对象。即变换后,将原对象从其原来的位置移动到由变换参数所指定的新位置。
- 复制原先的:用于复制对象。即变换后,将原对象从其原来的位置复制到由变换参数所指定的新位置。对于依赖其他父对象而建立的对象,复制后的新对象中数据关联信息将会丢失,即它不再依赖于任何对象而独立存在。
- 非关联副本数:用于复制多个对象。按指定的变换参数和复制个数在新位置完成原对象的多个复制。

1.7 练习题

1. 如何建立一个新的 UG NX 2027 文件？如何保存、退出并重新打开这个文件？
2. UG NX 2027 的工作界面由哪几部分组成，各个部分的功能是什么？
3. 如何在 UG NX 2027 中设置图层？
4. 如何自定义一个功能区？

第2章 曲线的创建与编辑

导读

  曲线是建立实体模型的基础，利用曲线拉伸、旋转和扫描等办法，可以快速建立截面形状比较复杂的实体特征。本章将讲解创建曲线的相关内容，以便读者更好、更快地去创建和处理三维实体模型。

学 习 要 点

- ◎ 基本曲线
- ◎ 复杂曲线
- ◎ 曲线操作
- ◎ 编辑曲线功能

2.1 基本曲线

创建曲线的命令可以通过图 2-1 所示的"曲线"选项卡来实现。

图 2-1 "曲线"选项卡

UG NX 2027 中"曲线"选项卡可以在"定制"对话框（见图 2-2）中选择需要的图标，然后拖到相应的选项卡中即可。

2.1.1 创建点集

空间中任何一个点的位置都可以用 X、Y、Z 上的坐标来表示。点是构造各种图形的基础。选择"菜单"→"插入"→"基准"→"点集"图标 $^{++}$，系统弹出"点集"对话框，如图 2-3 所示。其中提供了四种创建点集的方法。

图 2-2 "定制"对话框   图 2-3 "点集"对话框

■ 曲线点：主要用于在曲线上创建点集。"曲线点产生方法"包括：
> 等弧长：用于在点集的起始点和结束点之间按点间等弧长来创建指定数目的点集。
> 等参数：用于以曲线曲率的大小来确定点集的位置，曲率越大，产生点的距离越大，反之则越小。
> 几何级数：在设置完其他参数数值后，还需要指定一个比率值，用来确定点集中彼此相邻的后两点之间的距离与前两点距离的倍数。

> ➢ 弦公差：在"弦公差"输入值，根据所给出弦公差的大小来确定点集的位置。弦公差值越小，产生的点数越多，反之则越少。
> ➢ 增量弧长：在"圆弧长"中确定点集的位置，而点数的多少取决于曲线总长及两点间的弧长。按照顺时针方向生成各点。
> ➢ 投影点：用于通过指定点来确定点集。
> ➢ 曲线百分比：用于通过曲线上的百分比位置来确定一个点。

- 样条点：利用绘制样条曲线时的定义点来创建点集，如图 2-4 所示。
  > ➢ 定义点：用于利用绘制样条曲线时的定义点来创建点集。
  > ➢ 结点：用于利用绘制样条曲线时的结点来创建点集。
  > ➢ 极点：用于利用绘制样条曲线时的极点来创建点集。
- 面的点：主要用于产生曲面上的点集，如图 2-5 所示。

图 2-4　"样条点"类型　　　　图 2-5　"面的点"类型

> ➢ 面百分比：用于通过在选定曲面上的 U、V 方向的百分比位置来创建该曲面上的一个点。
> ➢ B 曲面极点：用于以 B 曲面控制点的方式创建点集。

2.1.2　直线

单击"曲线"选项卡，选择"基本"组中的"直线"图标／，系统弹出"直线"对话框，如图 2-6 所示。

- 起点/终点选项：

> ➤ 自动判断：根据选择的对象来确定要使用的起点和终点选项。
> ➤ 点：通过一个或多个点来创建直线。
> ➤ 相切：用于创建与弯曲对象相切的直线。

■ 平面选项：
> ➤ 自动平面：根据指定的起点和终点来自动判断临时平面。
> ➤ 锁定平面：选择此选项，如果更改起点或终点，自动平面不可移动。锁定的平面以基准平面对象的颜色显示。
> ➤ 选择平面：通过指定平面下拉列表或"平面"对话框来创建平面。

■ 起始/终止限制：
> ➤ 值：用于为直线的起始或终止限制指定数值。
> ➤ 在点上：通过"捕捉点"选项为直线的起始或终止限制指定点。
> ➤ 直至选定：用于在所选对象的限制处开始或结束直线。

图 2-6 "直线"对话框

2.1.3 圆弧/圆

单击"曲线"选项卡，选择"基本"组中的"圆弧/圆"图标 ，系统弹出如图 2-7 所示"圆弧/圆"对话框。该选项用于创建关联的圆弧和圆曲线。

■ 类型：
> ➤ 三点画圆弧：通过指定的三个点或指定两个点和半径来创建圆弧。
> ➤ 从中心开始的圆弧/圆：通过圆弧中心及第二点或半径来创建圆弧。

■ 起点/端点/中点选项：
> ➤ 自动判断：根据选择的对象来确定要使用的起点/端点/中点选项。
> ➤ 点：用于指定圆弧的起点/端点/中点。
> ➤ 相切：用于选择曲线对象，以从其派生与所选对象相切的起点/端点/中点。

■ 平面选项：

➢ 自动平面：根据圆弧或圆的起点和终点来自动判断临时平面。
➢ 锁定平面：选择此选项，如果更改起点或终点，自动平面不可移动。可以双击解锁或锁定自动平面。
➢ 选择平面：用于选择现有平面或新建平面。
■ 限制：
➢ 起始/终止限制：
① 值：用于为圆弧的起始或终止限制指定数值。
② 在点上：通过"捕捉点"选项为圆弧的起始或终止限制指定点。
③ 直至选定：用于在所选对象的限制处开始或结束圆弧。
➢ 整圆：用于将圆弧指定为完整的圆。
➢ 补弧：用于创建圆弧的补弧。

【例 2-1】以图 2-8 所示的圆头平键为例，讲述直线和圆弧的创建过程。

图 2-7 "圆弧/圆"对话框

图 2-8 圆头平键

1）单击"新建"图标，在弹出的"新建"对话框中，选择存盘文件的位置，输入文件的名称"2-1"，选择"模型"模板。完成后单击"确定"按钮，进入建模环境。

2）切换视图方向。单击"上边条框"中"视图"组中的"俯视图"图标，将视图切换为俯视图。

3）选择"菜单"→"插入"→"曲线"→"直线"选项，系统弹出"直线"对话框，如图 2-9 所示。在"开始"选项中单击"点对话框"图标，弹出"点"对话框，如图 2-10 所示。输入直线起点坐标为（-25，-10，0），单击"确定"按钮；返回到"直线"对话框，在"结

UG NX 2027 中文版快速入门实例教程

束"选项中单击"点对话框"图标 ，弹出"点"对话框，输入直线终点坐标为（25，-10，0），单击"确定"按钮；返回到"直线"对话框，单击"确定"按钮；完成直线的创建。

同理以坐标（-25，10，0）和（25，10，0）为直线的起点和终点绘制另一条直线，如图 2-11 所示。

4）选择"菜单"→"插入"→"曲线"→"圆弧/圆"选项，系统弹出"圆弧/圆"对话框，如图 2-12 所示。选择"三点画圆弧"类型，捕捉上边直线的左端点为圆弧的起点，捕捉下边直线的左端点为圆弧的终点，在"半径"文本框中输入圆弧半径为 10，单击"应用"按钮，按照同样的方法绘制右侧半径为 10 的圆弧，完成圆弧的绘制，如图 2-8 所示。

图 2-9　"直线"对话框

图 2-10　"点"对话框

图 2-11　绘制直线

图 2-12　"圆弧/圆"对话框

28

2.1.4 抛物线

单击"曲线"选项卡，选择"非关联"组中的"抛物线"图标 ，系统首先弹出"点"对话框，选择抛物线中心点后，系统弹出"抛物线"对话框，如图 2-13 所示。输入参数后，单击"确定"按钮，创建的抛物线如图 2-14 所示。

图 2-13 "抛物线"对话框

图 2-14 抛物线

2.1.5 双曲线

单击"曲线"选项卡，选择"非关联"组中的"双曲线"图标 ✕，系统首先弹出"点"对话框，选择双曲线中心点后。系统弹出"双曲线"对话框，如图 2-15 所示。输入参数后，单击"确定"按钮，创建的双曲线如图 2-16 所示。

图 2-15 "双曲线"对话框

图 2-16 双曲线

2.2 复杂曲线

2.2.1 艺术样条

单击"曲线"选项卡，选择"基本"组中的"艺术样条"图标 ╱ ，弹出"艺术样条"对话框，如图 2-17 所示。

UG NX 2027 提供两种创建样条曲线的方式：

➤ 根据极点：该方式是通过设定艺术样条的极点来创建一条艺术样条。类型选择"根据极点"后，选择极点，即可根据极点创建艺术样条，如图 2-18 所示。

➤ 通过点：该方式是通过设置艺术样条的各定义点创建一条艺术样条。类型选择"通过点"后，选择点，即可通过点创建艺术样条，图 2-19 所示。

图 2-17 "艺术样条"对话框

- 点/极点位置：定义样条点或极点位置。
- 参数设置：该项用于调节曲线类型和次数，以改变艺术样条。
  - ➢ 封闭：通常，样条是非闭合的，它们开始于一点，而结束于另一点。通过选择"封闭"选项可以创建开始和结束于同一点的封闭样条。该选项仅用于多段样条。当创建封闭样条时，不必将第一个点指定为最后一个点，样条会自动封闭。
  - ➢ 次数：一个代表定义曲线的多项式次数的数学概念。次数通常比样条线段中的点数小 1。因此，样条的点数不得少于次数。UG NX 2027 样条的次数必须介于 1～24 之间，但是建议用户在创建艺术样条时使用三次曲线（次数为 3）。

图 2-18　根据极点创建艺术样条　　　　图 2-19　通过点创建艺术样条

- 制图平面：该项用于选择和创建艺术样条所在平面，可以绘制指定平面的艺术样条。
- 移动：在指定的方向上或沿指定的平面移动艺术样条点和极点。
  - 工作坐标系：在工作坐标系指定的 X、Y 或 Z 方向上，或沿工作坐标系的一个主平面移动点或极点。
  - 视图：相对于视图平面移动极点或点。
  - 矢量：用于定义所选极点或多段线的移动方向。
  - 平面：选择一个基准平面、基准坐标系或使用指定平面来定义一个平面，以在其中移动选定的极点或多段线。
  - 法向：沿曲线的法向移动点或极点。
- 延伸：
  - 对称：选择此复选框，在所选样条的指定开始和结束位置上展开对称延伸。
  - 起点/终点：
  ① 无，不创建延伸；
  ② 按值，用于指定延伸的值；
  ③ 按点，用于定义延伸的延展位置。
- 设置：
  - 自动判断首选项：
  ① 等参数，将约束限制为曲面的 U 和 V 向；
  ② 截面，允许约束与任何方向对齐；
  ③ 法向，根据曲线或曲面的正常法向自动判断约束；
  ④ 垂直于曲线或边，从点附着对象的父级自动判断 G1、G2 或 G3 约束。
  - 固定相切方位：选择此复选框，与邻近点相对的约束点的移动就不会影响方位，并且方向保留为静态。

2.2.2　规律曲线

规律曲线就是 X、Y、Z 坐标值按设定规律变化的样条曲线。利用规律曲线可以控制建模过程中某些参数的变化规律，特别是对一些已有数学方程的曲线。

单击"曲线"选项卡，选择"高级"组"更多"库中的"规律曲线"图标 $^{XYZ=}$。系统弹出"规律曲线"对话框，如图 2-20 所示。用户需要按照 X、Y、Z 规律类型依次定义每个坐标值的变化情况。由于篇幅的原因，本文将着重讲解前五种方式。

- 恒定：单击图标，输入一个常数值即可。
- 线性：单击图标，输入起点值和终点值。

- 三次：单击图标 ⅃ ，输入起点值和终点值。
- 沿脊线的线性：单击图标 ⅃ ，选择一条脊线后，利用"点构造器"设置脊线上的点，输入规律值即可。
- 沿脊线的三次：单击图标 ⅃ ，方法和沿脊线的线性所述一样，区别是创建的曲线是三次曲线。

【例 2-2】下面以图 2-21 所示的曲线为例，介绍如何利用"规律曲线"命令创建曲线。

图 2-20 "规律曲线"对话框   图 2-21 规律曲线

（1）新建文件。选择"菜单"→"文件"→"新建"选项，弹出"新建"对话框。在"模板"列表框中选择"模型"选项，在"名称"文本框中输入"2-3"，单击"确定"按钮，进入 UG NX 2027 主界面。

（2）创建规律曲线。

1）选择"菜单"→"插入"→"曲线"→"规律曲线"选项，弹出 "规律曲线"对话框。

2）在"规律曲线"对话框中选择 X "规律类型"为"恒定" ⅃ ，在"值"文本框中输入 10，确定 X 分量的变化方式。

3）在"规律曲线"对话框中选择 Y "规律类型"为"线性" ⅃ ，在"起点"和"终点"文本框中分别输入 1 和 10，确定 Y 分量的变化方式。

4）在"规律曲线"对话框中选择 Y "规律类型"为"三次" ⅃ ，在"起点"和"终点"文本框中分别输入 5 和 15，确定 Z 分量的变化方式。

5）默认系统给定曲线坐标系方向，单击"确定"按钮，创建如图 2-21 所示的规律曲线。

2.2.3 螺旋线

单击"曲线"选项卡，选择"高级"组中的"螺旋"图标，系统弹出"螺旋"对话框，如图 2-22 所示。

- 类型：包括沿矢量和沿脊线两种。

- 方位：用于设置螺旋线指定方向的偏转角度。
- 步距：用于设置螺旋线每圈之间的导程。
- 大小：用于设置螺旋线旋转半径的方式及大小。
  - ➤ 规律类型：螺旋曲线每圈半径或直径按照指定的规律变化。
  - ➤ 值：螺旋曲线每圈半径/直径的大小。
- 方法：用于指定长度方法为限制或圈数。
  - ➤ 圈数：用于设置螺旋线旋转的圈数。
- 旋转方向：用于设置螺旋线的旋转方向，分为"左手"和"右手"两种。

创建螺旋线如图 2-23 所示。

图 2-22　"螺旋"对话框　　　　　　图 2-23　螺旋线

2.3　曲线操作

2.3.1　偏置曲线

单击"曲线"选项卡，选择"派生"组中的"偏置曲线"图标，弹出"偏置曲线"对话框，如图 2-24 所示。

选择曲线后，在所选择的曲线上出现一个箭头，该箭头的方向为偏置的方向，如果要取相反的偏置方向，可单击对话框中"反向"按钮。

"偏置类型"下拉列表中有四种方式：

- 距离：在选择的原曲线所在平面内建立新曲线，通过输入距离值指定偏置距离参数。图 2-25 所示为利用"距离"方式创建的偏置曲线。
- 拔模：在与选择的原曲线所在平面向平行的平面内建立新曲线，通过拔模高度指定新曲线所在平面与原曲线所在平面之间的距离，通过拔模角来指定新曲线在建立平面内的偏置角度。
- 规律控制：用规律子功能指定偏置距离的偏移复制。
- 3D 轴向：该方式按照三维空间内指定的矢量方向和偏置距离来偏置曲线。

源曲线　偏移后曲线

图 2-24　"偏置曲线"对话框　　　　图 2-25　"距离"方式偏置曲线

2.3.2　圆形圆角曲线

该选项可在两条 3D 曲线或边链之间创建光滑的圆角曲线。圆角曲线与两条输入曲线相切，且在投影到垂直于所选矢量方向的平面上时类似于圆角。单击"曲线"选项卡，选择"派生"组"更多"库中的"圆形圆角曲线"图标 ⬛，系统弹出如图 2-26 所示的"圆形圆角曲线"对话框。

- 选择曲线：用于选择第一个和第二个曲线链或特征边链。

- 方向选项：用于指定圆柱轴的方向。
  - ➤ 最适合：查找最可能包含输入曲线的平面。自动判断的圆柱轴垂直于该最适合平面。

图 2-26 "圆形圆角曲线"对话框

  - ➤ 变量：使用输入曲线上具有倒圆的接触点处的切线来定义视图矢量。圆柱轴的方向平行于接触点上切线的叉积。
  - ➤ 矢量：用于通过矢量构造器或其他标准矢量方法将矢量指定为圆柱轴。
  - ➤ 当前视图：指定垂直于当前视图的圆柱轴。圆柱轴的此方向是非关联的。选择当前视图的法向后，方向选项便更改为矢量类型。可以使用矢量构造器或其他标准矢量方法来更改此圆柱轴。
- 半径选项：用于指定圆柱半径的值。
  - ➤ 曲线 1 上的点：用于在曲线 1 上选择一个点作为锚点，然后在曲线 2 上搜索该点。
  - ➤ 曲线 2 上的点：用于在曲线 2 上选择一个点作为锚点，然后在曲线 1 上搜索该点。
  - ➤ 值：用于键入圆柱半径的值。
- 位置：仅可用于曲线 1 上的点和曲线 2 上的点半径选项。用于指定曲线 1 上或曲线 2 上接触点的位置。
  - ➤ 弧长：用于指定沿弧长方向的距离，作为接触点。

> ➢ 弧长百分比：用于指定弧长的百分比，作为接触点。
> ➢ 通过点：用于选择一个点作为接触点。

■ 半径：仅可用于"值"圆柱半径选项。将圆柱半径设置为在此框中键入的值。

■ 显示圆柱：用于显示或隐藏用于创建圆柱圆角曲线的圆柱。

2.3.3　在面上偏置

该选项功能用于在一表面上由一存在曲线按指定的距离生成一条沿面的偏置曲线。单击"曲线"选项卡，选择"派生"组中的"在面上偏置"图标 ，弹出如图 2-27 所示"在面上偏置曲线"对话框。

■ 偏置法：用于确定偏置曲线的方法。
> ➢ 弦：沿曲线弦长偏置。
> ➢ 弧长：沿曲线弧长偏置。
> ➢ 测地线：沿曲面最小距离创建。
> ➢ 相切：沿曲面的切线方向创建。
> ➢ 投影距离：用于按指定的法向矢量在虚拟平面上指定偏置距离。

■ 公差：该选项用于设置偏置曲线公差，其默认值是在建模预设置对话框中设置的。公差值决定了偏置曲线与被偏置曲线的相似程度，选用默认值即可。

2.3.4　桥接

该选项可以用来桥接两条不同位置的曲线，边也可以作为曲线来选择。这是用户在曲线连接中最常用的方法。单击"曲线"选项卡，选择"派生"组中的"桥接"图标 ，弹出如图 2-28 所示"桥接曲线"对话框。

■ 起始对象：用于确定桥接曲线操作的第一个对象。

■ 终止对象：用于确定桥接曲线操作的第二个对象。

■ 约束面：用于限制桥接曲线所在面。

■ 半径约束：用于限制桥接曲线的半径的类型和大小。

■ 形状控制：
> ➢ 相切幅值：通过改变桥接曲线与第一条曲线和第二条曲线连接点的切矢量值，来控制桥接曲线的形状。相切矢量值的改变是通过"开始"和"结束"滑尺，或直接在"开始"和"结束"文本框中输入切矢量来实现的
> ➢ 深度和歪斜度：当选择该控制方式时，"桥接曲线"对话框的变化如图 2-29 所示。
> ① 深度：是指桥接曲线峰值点的深度，即影响桥接曲线形状的曲率的百分比，其值可拖动下面的滑尺或直接在"深度"文本框中输入百分比实现。
> ② 歪斜度：是指桥接曲线峰值点的倾斜度，即设定沿桥接曲线从第一条曲线向第二条曲线度量时峰值点位置的百分比。
> ➢ 模板曲线：用于选择现有样条，来控制桥接曲线的整体形状。

图 2-27 "在面上偏置曲线"对话框　　图 2-28 "桥接曲线"对话框　　图 2-29 "深度和歪斜度"选项

2.3.5　简化曲线

单击"曲线"选项卡，选择"非关联"组"更多"库中的"简化曲线"图标≋，弹出如图 2-30 所示的"简化曲线"对话框。该选项以一条最合适的逼近曲线来简化一组选择曲线（最多可选择 512 条曲线），它将这组曲线简化为圆弧或直线的组合，即将高次方曲线降成二次或一次方曲线。

在简化选中曲线之前，可以指定原有曲线在转换之后的状态。可以对原有曲线选择下列选项之一：

- 保持：在生成直线和圆弧之后保留原有曲线。在选中曲线的上面生成曲线。
- 删除：简化之后删除选中曲线（删除选中曲线之后，不能再恢复）。如果选择"撤销"，可以恢复原有曲线但不再被简化。

■ 隐藏：生成简化曲线之后，将选中的原有曲线从屏幕上移除，但并未被删除。

图 2-30 "简化曲线"对话框

2.3.6 复合

单击"曲线"选项卡，选择"派生"组中的"复合"图标 ，系统弹出如图 2-31 所示的"复合曲线"对话框。该选项功能可从工作部件中抽取曲线和边。抽取的曲线和边随后会在添加倒斜角和圆角等详细特征后保留。

图 2-31 "复合曲线"对话框

■ 曲线：
  ➢ 选择曲线：用于选择要复制的曲线。
  ➢ 指定原点曲线：用于从该曲线环中指定原始曲线。
■ 设置：
  ➢ 关联：创建关联复合曲线特征。
  ➢ 隐藏原先的：创建复合特征时，隐藏原始曲线。如果原始几何体是整个对象，则不能隐藏实体边。
  ➢ 允许自相交：用于选择自相交曲线作为输入曲线。
  ➢ 高级曲线拟合：用于指定方法、次数和段数。
  ① 方法：控制输出曲线的参数设置。可用选项有：
  a) 次数和段数：显式控制输出曲线的参数设置。
  b) 次数和公差：使用指定的次数及所需数量的非均匀段达到指定的公差值。

c) 保持参数设置：使用此选项可继承输入曲线的次数、段数、极点结构和结点结构，然后将其应用于输出曲线。

d) 自动拟合：可以指定最低次数、最高次数、最大段数和公差值，以控制输出曲线的参数设置。此选项替换了之前版本中可用的高级选项。

② 次数：当方法为次数和段数或次数和公差时可用。用于指定曲线的次数。

③ 段：当方法为次数和段数时可用。用于指定曲线的段数。

④ 最低次数：当方法为自动拟合时可用。用于指定曲线的最低次数。

⑤ 最高次数：当方法为自动拟合时可用。用于指定曲线的最高次数。

⑥ 最大段数：当方法为自动拟合时可用。用于指定曲线的最大段数。

➢ 连结曲线：用于指定是否要将复合曲线的线段连结成单条曲线。

① 无：不连结复合曲线段。

② 三次：连结输出曲线以形成三次多项式样条曲线。使用此选项可最小化结点数。

③ 常规：连结输出曲线以形成常规样条曲线。创建可精确表示输入曲线的样条。此选项可以创建次数高于三次或五次类型的曲线。

④ 五次：连结输出曲线以形成五次多项式样条曲线。

➢ 使用父对象的显示属性：将对复合对象的显示属性所做的更改反映给通过 WAVE 几何链接器与其链接的任何子对象。

2.3.7 投影曲线

图 2-32 "投影曲线"对话框

　　该选项能够将曲线和点投影到片体、面、平面和基准面上。点和曲线可以沿着指定矢量方向、与指定矢量成某一角度的方向、指向特定点的方向或沿着面法线的方向进行投影。所有投影曲线在孔或面边界处都要进行修剪。单击"曲线"选项卡，选择"派生"组中的"投影曲线"图标，系统弹出如图 2-32 所示的"投影曲线"对话框。

■ 要投影的曲线或点：用于确定要投影的曲线和点。

■ 要投影的对象：用于确定投影所在的表面或平面以及对象。

■ 投影方向：用于指定如何定义将对象投影到片体、面和平面上时所使用的方向。

➢ 沿面的法向：用于沿着面和平面的法向投影对象。

➢ 朝向点：可向一个指定点投影对象。对于投影的点，可以在选中点与投影点之间的直线上获得交点。

➢ 朝向直线：可沿垂直于一指定直线或基准轴的矢量投影对象。对于投影的点，可以在通过选中点垂直于与指定直线的直线上获得交点。

> 沿矢量：可沿指定矢量（该矢量是通过矢量构造器定义的）投影选中对象。可以在该矢量指示的单个方向上投影曲线，或者在两个方向上（指示的方向和它的反方向）投影。

> 与矢量成角度：可将选中曲线按与指定矢量成指定角度的方向投影，该矢量是使用矢量构造器定义的。根据选择的角度值（向内的角度为负值），该投影可以相对于曲线的近似形心按向外或向内的角度生成。对于点的投影，该选项不可用。

■ 关联：表示原曲线保持不变，在投影面上生成与原曲线相关联的投影曲线，只要原曲线发生变化，随之投影曲线也发生变化。

■ 连结曲线：曲线拟合的阶次，可以选择"三次""五次"或者"常规"，一般推荐使用"三次"。

■ 公差：该选项用于设置公差，其默认值是在建模预设置对话框中设置的。该公差值决定所投影的曲线与被投影曲线在投影面上的投影的相似程度。

2.3.8　组合投影

该选项可组合两个已有曲线的投影，生成一条新的曲线。需要注意的是，这两个曲线投影必须相交。可以指定新曲线是否与输入曲线关联，以及将对输入曲线作哪些处理。

单击"曲线"选项卡，选择"派生"组"更多"库中的"组合投影"图标 ，系统弹出如图 2-33 所示"组合投影"对话框。

■ 曲线 1：选择第一组曲线。

■ 曲线 2：选择第二组曲线。

■ 投影方向 1：用于确定第一条曲线投影的矢量方向。

■ 投影方向 2：用于确定第二条曲线投影的矢量方向。

2.3.9　缠绕/展开曲线

该选项可以将曲线从平面缠绕到圆锥或圆柱面上，或者将曲线从圆锥或圆柱面展开到平面上。输出曲线是 3 次 B 样条，并且与其输入曲线、定义面和定义平面相关。单击"曲线"选项卡，选择"派生"组"更多"库中的"缠绕/展开曲线"图标 ，弹出如图 2-34 所示"缠绕/展开曲线"对话框。

■ 类型：指定是要缠绕还是展开曲线。

■ 面：可选择曲线将缠绕到或从其上展开的圆锥或圆柱面。可选择多个面。

■ 曲线或点：选择要缠绕或展开的曲线。

■ 平面：用于确定产生缠绕的与被缠绕表面相切的平面。

■ 切割线角度：用于指定"切线"（一条假想直线，位于缠绕面和缠绕平面相遇的公共位置处。它是一条与圆锥或圆柱轴线共面的直线）绕圆锥或圆柱轴线旋转的角度（0°～360°之间）。可以输入数字或表达式。

图 2-33 "组合投影"对话框	图 2-34 "缠绕/展开曲线"对话框

2.3.10 相交曲线

相交曲线是用于创建两组对象的交线，各组对象可分别为一个表面、一个参考面、一个片体或者一个实体。单击"曲线"选项卡，选择"曲线"组中的"相交曲线"图标 ，弹出如图 2-35 所示"相交曲线"对话框。

- 选择面：用于选择一个、多个面或基准平面进行求交。
- 指定平面：用于定义基准平面包含在一组要求交的对象中。
- 保持选定：勾选此复选框，用于在创建相交曲线后重用为后续相交曲线而选定的一组对象。

2.3.11 截面曲线

截面曲线用于设定曲线的截面与选定的表面或者平面等对象的相交，创建相交的几何对象。如果一个平面与曲线相交，可以得到一个点。一个平面与一个平面或者是一个表面相交，会得到一条截面曲线。如果选择的表面有边界或孔，则截面线会被修剪。

单击"曲线"选项卡，选择"派生"组"更多"库中的"截面曲线"图标 ，弹出如图 2-36 所示"截面曲线"对话框，用户可以设置其中的参数。

图 2-35　"相交曲线"对话框　　　　　图 2-36　"截面曲线"对话框

- 选定的平面：选择该方式，系统会提示用户在绘图区中直接选择某平面作为截面。这种方式有两个步骤，即现在截面对象和剖切平面。
- 平行平面：选择该方式，系统会提示用户选择一组等距离的平行平面作为截面。在这种方式下，其操作的步骤与选定的平面方式相同，也是有两个步骤。
- 径向平面：选择该方式，系统会提示用户设置一组等角度的扇形展开的放射平面作为截面。这种方式有三个步骤，即选择要剖切的对象、径向轴和参考平面上的点。
- 垂直于曲线的平面：选择该方式，系统会提示用户设置一个或一组与选定曲线垂直的平面作为截面。这种方式有两个步骤，即选择要剖切的对象、选择曲面或边。

2.4　编辑曲线功能

当曲线创建之后，经常还需要对曲线进行修改和编辑，需要调整曲线的很多细节。本节主要介绍曲线编辑的操作，主要包括编辑曲线参数、修剪曲线、分割曲线和光顺样条等。

2.4.1　编辑曲线参数

编辑曲线的功能是允许用户修改曲线的定义数据，使其达到用户所需的形状。对于相互关联的曲线，由于它的定义数据是来自其他的几何特征，所以不能直接修改曲线，而必须编辑与它相关的几何特征，通过刷新来修改相关的曲线。单击"曲线"选项卡，选择"编辑"组"更多"库中的"编辑曲线参数"图标，系统弹出如图 2-37 所示"编辑曲线参数"对话框。

图 2-37　"编辑曲线参数"对话框

该对话框可用于编辑大多数类型的曲线,当选择了不同的对象类型后,系统会给出相应的对话框。

2.4.2 修剪曲线

单击"曲线"选项卡,选择"编辑"组中的"修剪曲线"图标┼,系统弹出"修剪曲线"对话框,如图 2-38 所示。其主要作用是将两条相交曲线修剪(或延长)到其相交点处。相对于交点,被选择的部分被修剪掉(或被延长至交点处)。

利用设定的边界对象调整曲线的端点,可以延长或者修剪曲线、圆弧、二次曲线或者样条曲线。

图 2-38　"修剪曲线"对话框

- 要修剪的曲线:用于选择要修剪、分割或延伸的曲线。
- 对象类型:用于选择对象或平面,用来修剪或分割选定要修剪的曲线。
- 方向:指定查找对象交点时使用的方向。
  - 最短 3D 距离:选择该选项,系统按边界对象与待修剪曲线之间的三维最短距离判断两者的交点,再根据该交点来修剪曲线。
  - 沿方向:将曲线修剪、分割或延伸至与边界对象的相交处,这些边界对象沿指定矢量的方向投影。
- 关联:选择"关联"选项后,修剪后的曲线与原曲线具有相关性,即若改变原来的曲线参数,则修剪后的曲线的边界之间的关系能够更正。
- 输入曲线:让用户指定想让输入曲线的被修剪的部分处于何种状态。
  - 隐藏:表示输入曲线被渲染成不可见。
  - 保留:表示输入曲线不受修剪曲线操作的影响,被保留在它们的初始状态。
  - 删除:表示通过修剪曲线操作把输入曲线从模型中删除。
  - 替换:表示输入曲线被已修剪的曲线替换或交换。当使用"替换"时,原始曲线的子特征成为已修剪曲线的子特征。
- 曲线延伸:如果欲修剪的曲线为样条曲线需要延伸至边界时,设置其延伸方式。单击"曲线延伸"的下三角按钮后,弹出下拉列表,其中列出了样条曲线的四种延伸方式。
  - 自然:从样条的端点沿它的自然路径延伸它。
  - 线性:把样条从它的任一端点延伸到边界对象,样条的延伸部分是直线的。
  - 圆形:把样条从它的端点延伸到边界对象,样条的延伸部分是圆弧形的。
  - 无:对任何类型的曲线都不执行延伸。

修剪曲线示意图如图 2-39 所示。

图 2-39　修剪曲线示意图

2.4.3　分割曲线

单击"曲线"选项卡，选择"非关联"组中的"分割曲线"图标 ᚐᚐ，系统弹出如图 2-40 所示的"分割曲线"对话框。

- 等分段：该方式是以等长或等参数的形式将曲线分割成相同的节段。选择要分割的曲线，其中的"段长度"包括"等参数"和"等弧长"两种方式。"段数"文本框用于设置曲线均匀分割的节段数。
- 按边界对象：该方式是利用边界对象来分割曲线。选择该类型的对话框如图 2-41 所示。利用对话框可以分别定义点、直线和平面作为边界对象来分割曲线。

图 2-40　"分割曲线"对话框　　　　图 2-41　"按边界对象"类型对话框

- 弧长段数：该方式通过分别定义各节段的弧长和段数来分割曲线。选择该类型的对话框如图 2-42 所示。
- 在结点处：该方式用于分割样条曲线，它将曲线的定义点处的曲线分割成多节段。选择该类型的对话框如图 2-43 所示。
- 在拐角上：该方式是在拐角处分割样条曲线。选择该类型的对话框如图 2-44 所示。

图 2-42　"弧长段数"类型对话框　　　　图 2-43　"在结点处"类型对话框

2.4.4　光顺样条

该选项是用来光顺曲线的曲率，使得曲线更光滑。单击"曲线"选项卡，选择"非关联"组"更多"库中的"光顺样条"图标～，系统弹出如图 2-45 所示的"光顺样条"对话框。

图 2-44　"在拐角上"类型对话框　　　　图 2-45　"光顺样条"对话框

- 曲率：通过最小曲率值的大小来光顺曲线。
- 曲率变化：通过最小整条曲线的曲率变化来光顺曲线。

2.5　实例操作——吊钩曲线

本例创建的吊钩曲线如图 2-46 所示。

图 2-46　吊钩曲线

　　先绘制圆，然后利用偏置曲线功能偏置圆，再利用直线和修剪曲线功能绘制切线并修剪，接着绘制两段圆弧并修建，最后绘制圆形圆角曲线并将曲线修剪，创建的流程如图 2-47 所示。

图 2-47　创建吊钩曲线的流程

🔘圆弧/圆　　　🔘偏置曲线　　　🔘修剪曲线

【操作步骤】

（1）新建文件。单击"主页"选项卡，选择"标准"组中的图标"新建" ，弹出"新建"对话框。在"模板"列表框中选择"模型"选项，在"名称"文本框中输入"diaogou"，单击"确定"按钮，进入 UG 主界面。

（2）绘制圆。

1）单击"曲线"选项卡，选择"基本"组中的"圆弧/圆"图标 ，系统弹出如图 2-48 所示"圆弧/圆"对话框。

2）选择"从中心开始的圆弧/圆"类型，在"限制"选项勾选"整圆"复选框，在"终点选项"下拉列表中选择"半径"，在"半径"文本框中输入 6，在"指定平面"下拉列表中选择"XC-YC 平面"。

3）单击"俯视图"图标 ，切换到俯视图方向。

4）在"中心点"选项中单击"点对话框"按钮，弹出"点"对话框，输入圆心坐标（0,0,0），如图 2-49 所示，单击"确定"按钮，返回到"圆弧/圆"对话框。

5）单击"确定"按钮，完成圆 1 的绘制，如图 2-50 所示。

图 2-48　"圆弧/圆"对话框　　　　图 2-49　"点"对话框　　　　图 2-50　绘制圆 1

6）同理，绘制圆心坐标为（44,0,0），"半径"为 9.4 的圆 2，圆心坐标为（22.1,-15,0），"半径"为 10 的圆 3，如图 2-51 所示。

（3）偏置曲线。

1）单击"曲线"选项卡，选择"派生"组中的"偏置曲线"图标 ，弹出"偏置曲线"对话框，如图 2-52 所示。

2）在绘图区中选择步骤（2）绘制的圆 1。视图中显示的箭头为偏置方向，通过"反向"按钮来更改偏置方向，如图 2-53 所示。

3）在"距离"文本框中输入9.8，单击"确定"按钮，完成曲线的偏置得到圆4。

图 2-51　绘制圆

4）同理，将圆2向外偏置26.4得到圆5，如图2-54所示。

图 2-52　"偏置曲线"对话框

图 2-53　偏置曲线圆 1

（4）绘制直线。

1）单击"曲线"选项卡，选择"基本"组中的"直线"图标／，系统弹出"直线"对话框，如图2-55所示。

2）在"起点选项"和"终点选项"下拉列表中选择"相切"，在圆4上边捕捉起点，在圆5上捕捉终点。

3）单击 "确定"按钮，绘制切线1。

4）同理，绘制圆3和圆4的切线2，如图2-56所示。

图 2-54 偏置曲线圆 2

图 2-55 "直线"对话框

图 2-56 绘制切线

（5）修剪曲线。

1）单击"曲线"选项卡，选择"编辑"组中的"修剪曲线"图标┼，弹出"修剪曲线"对话框，各选项设置如图 2-57 所示。

2）选择圆 4 和圆 5 为要修剪的曲线。

3）选择绘制的两条切线为两边界对象。

4）单击"放弃"单选按钮，选择如图 2-58 所示的区域为要放弃的区域。

5）单击"确定"按钮，结果如图 2-59 所示。

（6）绘制圆弧。

1）单击"曲线"选项卡，选择"基本"组中的"圆弧/圆"图标，系统弹出如图 2-60 所示"圆弧/圆"对话框。

2）选择"从中心开始的圆弧/圆"类型，单击"点对话框"按钮，弹出"点"对话框，输入圆心坐标（-46.6,0,0），单击"确定"按钮，返回到"圆弧/圆"对话框。

3）在"终点选项"下拉列表中选择"半径"，在"半径"文本框中输入半径值 100。

4）设置起始限制"角度"为-30°，终止限制"角度"为-8°。

5）单击"确定"按钮，完成圆弧 1 的绘制。

6）同理，绘制半径为 25，与圆 2 和圆 3 相切的圆弧 2，如图 2-61 所示。

图 2-57 "修剪曲线"对话框

图 2-58 选择放弃的区域 　　　　　　　　　图 2-59 修剪曲线

（7）修剪曲线。

1）单击"曲线"选项卡，选择"编辑"组中的"修剪曲线"图标┼，弹出"修剪曲线"对话框，各选项设置如图 2-62 所示。

2）选择圆 2、圆 3、和圆 5 为要修剪的曲线。

3）选择绘制的切线 2、圆弧 2 和圆弧 1 为两边界对象。

4）单击"保留"单选按钮，选择如图 2-63 所示的区域为要保留的区域。

5）单击"确定"按钮，完成修剪。

6）同理，将圆弧 1 修剪，结果如图 2-64 所示。

图 2-60 "圆弧/圆"对话框

图 2-61 绘制圆弧

图 2-62 "修剪曲线"对话框

图 2-63 选择保留的区域

图 2-64   修剪曲线

（8）绘制圆形圆角曲线。

1）单击"曲线"选项卡，选择"派生"组"更多"库中的"圆形圆角曲线"图标🗨，系统弹出如图 2-65 所示的"圆形圆角曲线"对话框。

图 2-65   "圆形圆角曲线"对话框

2）选择圆弧 1 为曲线 1，圆 5 为曲线 2，在"半径"文本框中输入半径值 8。

3）单击"确定"按钮，完成圆角的绘制，如图 2-66 所示。

（9）修剪曲线。

1）单击"曲线"选项卡，选择"编辑"组中的"修剪曲线"图标╋，弹出"修剪曲线"对话框，各选项设置如图 2-67 所示。

2）选择圆弧 2、和圆 5 为要修剪的曲线。

3）选择绘制的圆形圆角曲线为两边界对象。

4）单击"保留"单选按钮，选择如图 2-68 所示的区域为要保留的区域。

5）单击"确定"按钮，完成修剪，如图 2-47 所示。

图 2-66　绘制圆形圆角曲线

图 2-67　"修剪曲线"对话框

图 2-68　选择保留的区域

2.6　练习题

绘制如图 2-69～图 2-71 所示曲线。

图 2-69　曲线练习 1

图 2-70　曲线练习 2

图 2-71　曲线练习 3

第 3 章　草图

导读

　　草图是位于平面的点、线的集合，是与实体模型相关联的二维图形，一般被用作三维建模的基础。用户可以应用草图工具先完成特征近似轮廓图形绘制，再添加精确的约束定义形成完整表达设计意图的图形。用草图工具创建的草图可以通过实体造型工具进行拉伸、旋转等操作，创建和实体有关的实体模型。

　　同一部件文件只允许一个草图是激活状态。在草图列表框中激活选择的草图，使其成为当前工作草图。

学 习 要 点

◎ 草图工作平面

◎ 草图曲线创建

◎ 草图约束

◎ 草图的操作

◎ 草图设置

3.1 草图工作平面

选择"菜单"→"插入"→"草图"选项，进入草图绘图环境（简称草绘环境），弹出如图 3-1 所示的"创建草图"对话框。

- 基于平面：
  - ➤ 选择草图平面或面：在视图区选择一个平面作为草图工作平面，同时系统在所选表面坐标轴方向，如图 3-2 所示。

图 3-1 "创建草图"对话框   图 3-2 选择草图平面

  - ➤ 反转平面法向：翻转坐标系 Z 轴的方向。
  - ➤ 选择水平参考：为草图指定水平参考。选择一个面、边、基准轴或基准平面。选择边时，NX 会使参考轴指向最接近的端点。
  - ➤ 反转水平反向：翻转参考方向。也可以通过双击图形窗口中的箭头进行反向。
  - ➤ 指定原点：单击草图平面或面以更改草图原点。
- 基于路径：在对话框中选择"基于路径"类型，在视图区选择一条连续的曲线作为路径，同时系统在所选曲线的路径方向显示草图工作平面及其坐标方向，还有草图工作平面和路径相交点在曲线上的"弧长"文本对话框，在该文本对话框中输入弧长，可以改变草图工作平面的位置。

选择相应的草图工作平面以后，单击"确定"按钮，可以直接确定该草图，单击"取消"按钮，将退出选择。在选择草图工作平面的同时，"草图"组出现在绘图区的上方，如图 3-3 所示。

当完成草图的创建以后，可以单击"完成"按钮 ，退出草绘环境直接进入建模环境。

图 3-3 "草图"组

3.2 草图曲线创建

进入草绘环境以后，系统会弹出"主页"选项卡，如图 3-4 所示。在创建草图时，用户不必在意尺寸是否精确，只要绘制出大致轮廓即可。草图的准确尺寸、形状、位置通过尺寸约束、几何约束来确定。

"主页"选项卡的"曲线"组中部分选项的功能如下：

■ 轮廓⤵：用于可以连续绘制直线和圆弧，按住鼠标不放，可以在直线和圆弧之间切换。

图 3-4 草绘环境中的"主页"选项卡

■ 直线╱：与在基本曲线中的操作方法基本相同，但是在草图中可以输入长度和角度。
■ 圆弧╱：与在基本曲线中的操作方法基本相同，但是可以输入半径、圆心坐标和扫描角度等值。
■ 圆○：与基本曲线中的操作方法基本相同，但是可以直接输入直径、圆心等值。
■ 派生直线⤒：用于创建一条与源对象平行的直线、两条直线构成的角平分线，或是两条平行直线的中线。
■ 修剪╳：用于擦除选定的对象。单击图标╳提示选择或拖动要擦除的分段并将其添加边界。在选定的对象上单击，或是拖动经过要擦除的对象，松开鼠标后，选定对象即消失。
■ 延伸╱：用于延长选定的对象至边界。
■ 圆角⤵：用于创建两相交线圆弧连接。弹出时则仅在两相交的直线间添加圆弧。
■ 矩形□：用于创建矩形。单击"矩形"图标，在绘图区将出现矩形工具栏的三种创建方法。
■ 样条╱：与样条建立的操作基本相同，可以绘制不同次数的曲线。

【例 3-1】以图 3-5 所示的草图为例，讲述草图曲线的创建步骤。

图 3-5 草图

1）单击"主页"选项卡，选择"标准"组中的图标"新建"⤵，在弹出的"新建"对话框中，选择存盘文件的位置，输入文件的名称为"3-1"，选择"模型"模板。完成后单击

UG NX 2027 中文版快速入门实例教程

"确定"按钮，进入建模环境。

2）选择"菜单"→"插入"→"草图"选项，弹出如图 3-6 所示的"创建草图"对话框。系统默认 XC-YC 平面为基准平面，单击"确定"按钮，进入到草绘环境。

3）单击"主页"选项卡，选择"曲线"组中的"圆"图标○，系统弹出"圆"对话框，如图 3-7 所示，选择其中的图标⊙，指定坐标原点为圆心，如图 3-8 所示。在"直径"文本框中输入 50，如图 3-9 所示。按 Enter 键完成圆的绘制，如图 3-10 所示。

图 3-6 "创建草图"对话框

图 3-7 "圆"对话框

注意：

本例采用的是坐标模式，确认坐标可以通过移动鼠标或在文本框中输入数值，但是在文本框中输入数值后按 Enter 键确定，按 Esc 键取消值的输入或退出绘制。

参数模式和坐标模式的区别是：在数值输入文本框中输入数值后，坐标模式是确定的，而参数模式是浮动的。

图 3-8 输入圆心坐标　　　　图 3-9 输入直径　　　　图 3-10 绘制圆

4）同步骤 3），以原点为圆心，绘制直径为 40 的圆。再以坐标（60，0）为圆心，绘制直径 15 和 10 的圆，如图 3-11 所示。

5）同步骤 4），以坐标（-60，0）为圆心，绘制直径为 15 和 10 的圆，如图 3-12 所示。

6）单击"主页"选项卡，选择"曲线"组的"直线"图标／，系统弹出如图 3-13 所示"直线"对话框。在视图中拾取中间大圆，确认直线的起点，如图 3-14 所示。在视图中拾取右边大圆确认直线的终点，如图 3-15 所示。创建一条与两个外圆相切的直线，如图 3-16 所示。

| 图 3-11　绘制圆 | 图 3-12　绘制直径为 15 和 10 的圆 |

图 3-13　"直线"对话框　　　　　图 3-14　确认直线起点

图 3-15　确认直线终点　　　　　图 3-16　创建切线

7）同步骤 6），绘制其余三条切线，如图 3-17 所示。

8）单击"主页"选项卡，选择"编辑"组中的"修剪"图标✕，系统弹出如图 3-18 所示"修剪"对话框。在视图中拾取要修剪的线段，创建的草图如图 3-5 所示。

图 3-17　绘制其余三条切线　　　　　图 3-18　"修剪"对话框

3.3 草图约束

UG NX 2027 的草图约束分为尺寸约束和几何约束。在进行大致的绘图、曲线的提取和添加后，接下来就要对这些几何对象进行尺寸约束和几何约束，从而实现精确绘图。

3.3.1 尺寸约束

草图尺寸包括距离、角度、半径和直径等。它们决定了草图的大小，并提供用于更改草图的手柄，单击"主页"选项卡，选择"求解"组中"快速尺寸"图标，弹出"快速尺寸"对话框，如图 3-19 所示，或单击"求解"组的"快速尺寸"下拉图标 **快速尺寸** ▼，如图 3-20 所示。

图 3-19 "快速尺寸"对话框   图 3-20 "快速尺寸"下拉菜单

草图的标注方式位于"快速尺寸"对话框"测量"选项组"方法"下拉列表中，其中包括了水平、垂直、径向等 9 种标注选项，每一个选项都有其固定的使用方法。此外，利用可变显示区域中的其他选项也可以修改尺寸。在草绘环境中进行尺寸标注，即将约束限制条件附在草图上。

■　快速尺寸：可用单个选项和一组基本选择项，从一组常规、好用的尺寸类型快速创建不同的尺寸。以下为"快速尺寸"对话框中的各种测量方法。

➤　自动判断：根据所选择的草图对象的类型和光标与所选对象的相对位置，采用相应的标注方法。当选用水平线时，采用水平尺寸标注方式；当采用垂直线时，采用垂直尺寸标注方式；当采用斜线时，则根据光标位置可按水平、垂直或平行等方式标注；当采用弧线时，采用半径的标注方式。

> 水平 ⯐：对于所选对象进行平行于草图工作平面 XC 轴的尺寸约束。标注该类尺寸时，在绘图区中选择同一对象或不同的对象的两个控制点，用这两点的连线在水平方向的投影长度标注尺寸。

> 竖直 ⯐：对于所选对象进行平行于草图工作平面 YC 轴的尺寸标注。标注该类尺寸时，在绘图区中选择同一对象或是不同对象的两个控制点，用这两点的连线在垂直方向的投影长度标注尺寸。

> 点到点 ⯐：对所选对象进行平行于对象尺寸约束。标注该类尺寸时，在绘图区中选择同一对象或是不同对象的两个控制点，用这两个点的连线长度标注尺寸，尺寸线将平行于这两点的连线方向。

> 垂直 ⯐：用于点到直线的距离进行约束。标注该类尺寸时，在绘图区中选择一条直线，再选择一点，系统用点到直线垂直距离的长度标注尺寸，尺寸线将垂直于所选择的直线。

> 直径 ⯐：对于所选的圆弧对象进行直径曲线约束。标注该类尺寸时，首先在绘图工作区中选择一条曲线，则系统直接标注圆的直径尺寸。

> 径向 ⯐：对所选的圆弧对象进行半径尺寸约束。标注该类尺寸时，首先在绘图区选择一条圆弧曲线，则系统直接标注圆弧的半径尺寸。

■ 线性尺寸和径向尺寸中的测量方法都包含在"快速尺寸"中。

■ 角度尺寸 ⯐：对于所选的两条直线进行角度尺寸约束。标注该类尺寸时，一般在绘图区中远离直线交点的位置选择两条直线，系统会弹出两直线之间的夹角。在标注尺寸时所选的两条直线必须是在草图中创建的。

■ 周长尺寸 ⯐：对于所选的多个对象进行周长尺寸约束。标注该类尺寸时，用户可以在绘图区中选择一段或是多段曲线，则系统会弹出这些曲线的周长。

【例 3-2】 以图 3-21 所示的草图为例，讲述草图尺寸约束的创建步骤。

图 3-21　草图

1）打开文件。选择"菜单"→"文件"→"打开"选项，或者单击"主页"选项卡，选择"标准"组中的图标"打开" ⯐，弹出"打开"对话框，输入"3-1"，单击"确定"

按钮，进入 UG 主界面，编辑草图进入草绘环境。

2）标注水平尺寸。选择"求解"组中"快速尺寸"下拉菜单中的"线性尺寸"图标 ，在系统弹出的"线性尺寸"对话框中选择"水平"测量方法。在视图中分别拾取左右两边小圆的圆心，出现的尺寸随着光标移动，将其放置在适当位置，如图 3-22 所示。单击鼠标中键，完成水平尺寸的标注。

3）标注直径尺寸。选择"求解"组中"快速尺寸"下拉菜单中的"径向尺寸"图标 ，在系统弹出的"径向尺寸"对话框中选择测量方法为"直径"。在视图中拾取中间直径为 40 的圆，出现的尺寸随着光标移动，将其放置在适当位置；再拾取直径为 10 的小圆，标注尺寸。单击鼠标中键，完成直径尺寸的标注，如图 3-23 所示。

图 3-22　标注水平尺寸　　　　　　　　图 3-23　标注直径尺寸

4）标注半径尺寸。选择"求解"组中"快速尺寸"下拉菜单中的"径向尺寸"图标 ，系统弹出"径向尺寸"对话框。标注视图中的圆弧尺寸，单击鼠标中键，完成尺寸的标注，如图 3-21 所示。

注意：

可以先拾取要标注的图元，再选择标注类型的图标。

3.3.2　草图关系

用户在编辑草图时，草图求解器将查找关系，如水平、竖直、相切和其他几何关系。默认情况下，这些关系符号在编辑草图之前始终隐藏。

UG NX 2027 中提供了两种类型的关系，找到的关系和持久关系。找到的关系只会在编辑期间需要时找到。持久关系随草图一起创建并存储。使用草图关系，可以指定草图对象必须遵守的条件或草图对象之间必须维持的关系。通过工作区窗口顶部的"设为"工具条中的命令可创建草图关系，"设为"工具条如图 3-24 所示。

图 3-24　"设为"工具条

- ■　 设为重合。该命令可以移动所选对象以与上一个所选对象成"重合""同心"或"点在曲线上"关系。
- ■　 设为共线。该命令可以移动选定的直线以与上一个所选对象共线。
- ■　 设为水平。该命令可以移动所选对象以与上一个所选对象水平或水平对齐。

- ┃ 设为竖直。该命令可以移动所选对象以与上一个所选对象竖直或竖直对齐。
- ⟨ 设为相切。该命令可以移动选定的对象以与上一个所选对象相切。
- ⫽ 设为平行。该命令可以移动选定的直线以与上一个所选直线平行。
- ∨ 设为垂直。该命令可以移动选定的直线，使其垂直于上一所选直线。
- ═ 设为相等。该命令可以移动所选曲线以与上一所选曲线成"等半径"或"等长"关系。
- 设为对称。该命令可以移动所选对象以通过对称线与第二个对象成"对称"关系。
- ├─ 设为中点对齐。该命令可以将点移至与直线中点对齐的位置。此命令会创建持久关系。

单击草图场景条右侧的 ▼ 按钮，在下拉菜单中单击勾选"创建持久关系"，可以将"创建持久关系"按钮 ⊠ 显示在"设为"工具条中，单击该按钮时，就会开启创建持久关系，"设为"工具条改变为如图 3-25 所示。

⫽⟨═ ┃ ⟨⫽∨═ ├─ ⊐ ⊐ ⊐ ✧ ⊠

图 3-25 开启创建持久关系的"设为"工具条

当开启创建持久关系时，以下四个"设为"命令可以使用。
- ⊐ 设为点在线串上。该命令可以移动选定的点，使其与配方曲线重合，并创建持久关系。
- ⊐ 设为与线串相切。该命令可以移动选定的曲线，使其与配方曲线相切，并创建持久关系。
- ⊐ 设为垂直于线串。该命令可以移动选定的曲线，使其垂直于配方曲线，并创建持久关系。
- ✧ 设为均匀比例。该命令可以使样条均匀缩放，并创建持久关系。

【例 3-3】 以图 3-26 所示的端盖草图为例，讲述草图约束的创建步骤。

图 3-26 端盖草图

1）选择"菜单"→"文件"→"新建"选项，在弹出的"新建"对话框中，选择存盘文件的位置，输入文件的名称"3-3"，选择"模型"模板，完成后单击"确定"按钮。

2）选择"菜单"→"插入"→"草图"选项，进入草绘环境。并弹出"创建草图"对话框。选择 YC-XC 平面为草图绘制面。

3）单击"主页"选项卡，选择"曲线"组中的"轮廓"图标，弹出如图 3-27 所示的"轮廓"对话框，绘制草图轮廓如图 3-28 所示。

4）单击"设为"工具条上的"设为共线"图标，系统弹出如图 3-29 所示的"设为共线"对话框，选择图 3-28 中的水平线 3 为运动曲线，然后选择草图横轴为静止曲线，单击"确定"按钮，使它们具有共线关系。

5）单击"设为"工具条上的"设为共线"图标，系统弹出如图 3-29 所示的"设为共线"对话框，选择图 3-28 中垂直线 2 为运动曲线，然后选择草图纵轴为静止曲线，单击"确定"按钮，使它们具有共线关系。

6）单击"设为"工具条上的"设为共线"图标，系统弹出如图 3-29 所示的"设为共线"对话框，选择图 3-28 中直线 6 为运动曲线，直线 10 为静止曲线，单击"确定"按钮，使它们具有共线关系，结果如图 3-30 所示。

图 3-27　"轮廓"对话框　　图 3-28　绘制草图轮廓图　　图 3-29　"设为共线"对话框

7）单击"主页"选项卡，选择"求解"组中"快速尺寸"下拉菜单中的"线性尺寸"图标，在弹出的"线性尺寸"对话框中选择"水平"测量方法，选择图 3-28 中直线 2 和直线 8，系统自动标注尺寸，单击，确定尺寸的位置后，在文本框中输入 40 后按 Enter 键，标注水平尺寸，如图 3-31 所示。

8）以同样方法设置图 3-28 中直线 2 和直线 10 之间距离为 38，直线 2 和直线 4 之间距离为 60。其他尺寸标注效果如图 3-26 所示。

9）单击"主页"选项卡，选择"草图"组的"完成"图标，退出草绘环境。

图 3-30　添加共线关系

图 3-31　标注水平尺寸

3.3.3　显示持久关系

单击"主页"选项卡，选择"求解"组中"选项"库中的"显示持久关系"图标 ✗，系统显示草图关系，否则不显示最先创建的草图关系。在"求解"组不选择"显示持久关系"图标，则不显示草图关系。

3.3.4　松弛尺寸与松弛关系

当忽略草图关系以使尺寸约束比草图关系更为重要时，需要选中"主页"选项卡"求解"组中的"松弛关系"按钮 ✗，便可以通过拖动以更改草图。当忽略尺寸约束以使草图关系比尺寸约束更为重要时，需要选中"主页"选项卡"求解"组中的"松弛尺寸"按钮 ⊞。

图 3-32 演示了当一个圆的圆心在 X 轴上时，松弛尺寸与松弛关系时拖动草图产生的不同效果。

a）原图形　　　　　b）松弛关系时拖动图形　　　　　c）松弛尺寸时拖动图形

图 3-32　松弛尺寸与松弛关系的区别示意图

3.4　草图的操作

3.4.1　镜像

镜像操作是将草图几何对象以一条直线为对称中心，将所选择的对象以这样的直线为轴进行镜像，复制成新的草图对象。镜像的对象与原对象形成一个整体，并且保持相关性。

单击"主页"选项卡，选择"曲线"组中的"镜像"图标，弹出如图 3-33 所示的"镜像曲线"对话框。

在进行镜像操作时，首先在对话框中选择镜像中心线按钮，并在绘制区中选择一条镜像中心线，然后在对话框中选择"要镜像的曲线"，并在绘图区中选择要镜像的几何对象，单击"确定"按钮，即可完成镜像操作，如图 3-34 所示。

图 3-33　"镜像曲线"对话框

图 3-34　镜像操作

3.4.2　阵列

利用此命令可以对图形进行线性、圆形和常规阵列。单击"主页"选项卡，选择"曲线"组中的"阵列"图标，弹出如图 3-35 所示的"阵列曲线"对话框。

"阵列曲线"对话框中"布局"下拉列表的选项说明如下：

- 线性：使用一个或两个方向定义布局，如图 3-36 所示为线性阵列示意图。
- 圆形：使用旋转点和可选径向间距参数定义布局，如图 3-37 所示为圆形阵列示意图。
- 常规：使用一个或多个目标点或坐标系定义的位置来定义布局，如图 3-38 所示为常规阵列示意图。

图 3-35 "阵列曲线"对话框

图 3-36 线性阵列示意图　　　图 3-37 圆形阵列示意图　　　图 3-38 常规阵列示意图

3.4.3 偏置曲线

　　单击"主页"选项卡，选择"曲线"组中的"偏置"图标，系统弹出如图 3-39 所示"偏置曲线"对话框。在"距离"文本框中输入偏置距离，选择图中的曲线，然后单击"确定"按钮，即可完成曲线偏置，如图 3-40 所示。

　　偏置曲线可以在相关的在草图中进行偏置，并建立一偏置约束，修改原几何对象，抽取的曲线与偏置曲线都被更新。

　　"偏置曲线"对话框中主要选项的含义如下：

■　距离：指定偏置距离。

■ 对称偏置：在基本链的两端各创建一个偏置链。

■ 副本数：控制偏置曲线的条数。

■ 截断选项：设置端盖的显示类型。

图 3-39　"偏置曲线"对话框

图 3-40　偏置曲线

3.4.4　投影

投影到草图功能能够将抽取的对象按垂直于草图工作平面的方向投影到草图中，使之成为草图对象。单击"主页"选项卡，选择"包含"组中"更多"库中的"投影曲线"图标 📎，弹出"投影曲线"对话框，如图 3-41 所示。

图 3-41　"投影曲线"对话框

- 输出曲线类型：
  - ➢ 原始：输出的草图曲线与原来的曲线完全保持一致。
  - ➢ 样条段：将原曲线作为独立的样条段加入草图。
  - ➢ 单个样条：将原曲线被作为单个样条加入草图。
- 关联：选择此复选框，则使原来的曲线和投影到草图的曲线相关联。
- 公差：该选项决定抽取的多段曲线投影到草图工作平面后是否彼此邻接。如果它们之间的距离小于设置的公差值，则将彼此邻接。

投影曲线是通过选择草图外部的对象建立投影的曲线或线串，对投影有效的对象包括曲线，边缘，表面和其他草图。这些从相关曲线投影的线串之间都可以维持对原来几何体的相关性。用户在进行该功能的操作时应注意以下几点：

- 草图不能同时包含定位尺寸和投影对象。因此，在投影操作之前不能对草图进行定位操作，如果已经将草图进行了定位操作，必须将其删除。同样，对于已定位的草图不能再进行投影操作。
- 投影对象必须比草图先创建。如果要在草图生成以后对建立的实体或片体进行投影操作，可用模型导航器工具调整特征生成的顺序。
- 采用关联的方式进行操作时，仍采用原来的关联性。如果原对象被修改，则投影曲线也会被更新，但是如果原对象进行了抑制操作，在草图工作平面中的投影曲线仍是可见的。
- 如果选择实体或者片体上的表面作为投影对象，那么实际投影的是该表面的边。如果该表面的边的拓扑关系发生了改变，增加或者减少了边数，则投影后的曲线串也会做相应的改变。
- 约束草图时，投影的曲线上串内能作为草图的约束的参考对象，但是仅有"点在曲线串上"这一约束方法对于投影的曲线串能起到约束作用。

3.4.5 添加现有曲线

添加现有曲线功能用于那些已存在的曲线或是点，但是这些点或者曲线不属于草图，而是添加到当前的草图中。

单击"主页"选项卡，选择"包含"组中"更多"库中的"添加曲线"图标，弹出如图 3-42 所示"添加曲线"对话框。用户从绘图区中直接选择要添加的点或曲线即可。用户可以利用对话框中的某些对象限制功能来快速选择某些对象。

3.4.6 转换至/自参考对象

可以将草图中的一些曲线的对象或尺寸转换为参考对象，也可以直接将一些参考对象转换为草图对象。选择"菜单"→"工具"→"转换至/自参考对象"选项，系统将弹出如图 3-43 所示对话框。

图 3-42　"添加曲线"对话框　　　　图 3-43　"转换至/自参考对象"对话框

当将参考的对象转换为草图对象后，对于尺寸约束来说，它不在表达式列表框中出现了，也就是不能再对几何对象进行约束，同时它们不能再进行拉伸或是旋转草图的转换模式。

3.5　草图设置

在建立草图对象以后，用户可以使用草图功能对草图进行修改，以便更好地体现设计者的意图。本节主要说明如何改变数值和参数，以及如何控制草图中的图元，并且改变其他的显示条件。选择"菜单"→"首选项"→"草图"选项，系统弹出如图 3-44 所示的对话框。草图的全部预设置都可以在此对话框中完成。

- "草图设置"选项卡：
  - ➤ 尺寸标签：用于设置在草图工具中尺寸的显示形式，包括表达式、名称、值等3 个选项，如图 3-45 所示。只需选择下拉列表中的一个选项，然后按 Enter 键，所有的尺寸将立刻改变。
  - ➤ 屏幕上固定文本高度：选择此复选框，可以在"文本高度"文本框中输入文本高度。
  - ➤ 第一个尺寸的文本高度：指定草图尺寸中显示的文本大小。

- ➢ 关系符号大小：设置关系符号的初始默认大小。请注意，使用任务→草图设置→关系符号大小选项可更改活动草图中关系符号的大小。
- ➢ 显示着色区域：以着色颜色显示封闭区域。封闭区域定义为首尾相连的曲线闭环。

图 3-44　"草图首选项"对话框

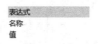

图 3-45　"尺寸标签"下拉列表

- ■ "会话设置"选项卡（见图 3-46）：
  - ➢ 对齐角：用于说明如何指定角度数值，而此数值将决定所绘制的直线是否要改变为水平或是垂直。
  - ➢ 显示持久关系：设置持久关系的初始显示。
  - ➢ 更改视图方位：选择此复选框，在退出草绘环境后，其视角的方向能够维持不变，或者是改变为原来的状态。此选项必须在配合草图工具的改变方向时用。如果取消选择此复选框，则其视角方向将随着当前的草图的关闭而回到原来的状态。
  - ➢ 保持图层状态：用于设置工作图层的变化。切换到某一草图时，工作图层将自动切换到草图所在的图层，如果选择此复选框，在退出此草图时，工作图层将回到原来的图层；反之，如果取消选择的此复选框，则工作图层将不因为退出此草图而改变。
- ■ "部件设置"选项卡（见图 3-47）：此选项卡可以设置草图中的曲线、尺寸等对象的颜色。

图 3-46　"会话设置"选项卡

图 3-47　"部件设置"选项卡

3.6　实例操作——垫片草图

本例创建垫片草图，如图 3-48 所示。

图 3-48　垫片草图

【思路分析】

首先绘制 4 个圆，然后添加草图关系，再绘制直线并标注尺寸，接着绘制圆角，最后将草图阵列、镜像并修剪草图，创建垫片的流程如图 3-49 所示。

【知识要点】

 直线 圆 🍂 草图关系 🍂 尺寸约束 🍂 圆角 🍂 阵列 🍂 镜像 🍂 修剪

图 3-49   创建垫片的流程

【操作步骤】

1）单击"主页"选项卡，选择"标准"组中的图标"新建" ，在弹出的"新建"对话框中选择存盘文件的位置，输入文件的名称"dianpian"，选择"模型"模板。完成后单击"确定"按钮，进入实体建模环境。

2）选择"菜单"→"插入"→"草图"选项，弹出如图 3-50 所示的"创建草图"对话框，系统默认 XC-YC 平面为基准平面，单击"确定"按钮，进入到草绘环境。

3）选择"菜单"→"首选项"→"草图"选项，系统弹出如图 3-51 所示的"草图首选项"对话框。在"尺寸标签"下拉列表中选择"值"，单击"确定"按钮，完成草图设置。

4）单击"主页"选项卡，选择"曲线"组的"圆"图标○，系统弹出"圆"对话框。在绘图区中绘制如图 3-52 所示的圆。

5）单击"主页"选项卡，选择"求解"组中"选项"库中的"显示持久关系"图标 ，系统显示草图关系。

6）单击"设为"工具条中的"设为相等"图标 ，系统弹出如图 3-53 所示的"设为相等"对话框，选择圆 1 为运动曲线，选择圆 3 为静止曲线，单击"确定"按钮，圆 1 和圆 3 添加相等关系。

同理，圆 2 和圆 4 添加相等关系，如图 3-54 所示。

图 3-50 "创建草图"对话框

图 3-51 "草图首选项"对话框

图 3-52 绘制圆

图 3-53 "设为相等"对话框

7）单击"设为"工具条中的"设为对称"图标⊔，系统弹出如图 3-55 所示的"设为对称"对话框，选择圆 1 为运动曲线，选择圆 3 为静止曲线，选择草图纵轴为对称直线，单击"确定"按钮，添加对称关系，如图 3-56 所示。

8）单击"主页"选项卡，选择"曲线"组的"直线"图标／，系统弹出"直线"对话框。在绘图区中绘制如图 3-57 所示的直线。

9）单击"主页"选项卡，选择"求解"组中的"快速尺寸"图标，在弹出的"快速尺寸"对话框，标注草图尺寸，如图 3-58 所示。

10）单击"主页"选项卡，选择"曲线"组的"圆角"图标，系统弹出如图 3-59 所示的"圆角"对话框。绘制半径为 4 的圆角，如图 3-60 所示。

11）单击"主页"选项卡，选择"曲线"组中的"阵列"图标，弹出如图 3-61 所示的"阵列曲线"对话框。选择直线和圆弧为"要阵列的曲线"，在"布局"下拉列表中选择

"圆形",捕捉原点为"旋转点","数量"设置为4,"节距角"设置为90°,单击"确定"按钮,完成曲线的阵列,如图 3-62 所示。

图 3-54　添加相等关系

图 3-55　"设为对称"对话框

图 3-56　添加对称关系

图 3-57　绘制直线

图 3-58　标注尺寸

图 3-59　"圆角"对话框

12）单击"主页"选项卡,选择"曲线"组中的"镜像"图标,弹出如图 3-63 所示的"镜像曲线"对话框。选择 4 个圆为要镜像的曲线,选择草图横轴为镜像的中心线,单击"确定"按钮,完成镜像,如图 3-64 所示。

13）单击"主页"选项卡,选择"编辑"组中的"修剪"图标✕,弹出如图 3-65 所示的"修剪"对话框。将草图进行修剪,如图 3-48 所示。

图 3-60　绘制圆角

图 3-61　"阵列曲线"对话框

图 3-62　阵列曲线

图 3-63　"镜像曲线"对话框

图 3-64　镜像曲线

图 3-65　"修剪"对话框

3.7　练习题

绘制如图 3-66~图 3-68 所示的草图。

图 3-66　草图练习 1

图 3-67　草图练习 2

图 3-68　草图练习 3

第4章 实体建模

导读

　　实体建模提供用于快速有效地进行概念设计的变量化草图工具、尺寸驱动编辑和用于一般建模和编辑的工具，使用户既可以进行参数化建模又可以方便地用非参数方法生成二维、三维线框模型，方便地生成复杂机械零件的实体模型。

学 习 要 点

- ◎ 构建基准特征
- ◎ 基本特征建模
- ◎ 特征的扩展
- ◎ 高级特征建模

4.1 构建基准特征

在 UG NX 2027 的使用过程中，经常会遇到需要指定基准特征的情况。基准特征是实体造型的辅助工具，利用基准特征，可以在所需的方向和位置上绘制草图并创建实体或者直接创建实体。基准特征的位置可以固定，也可以随其关联对象的变化而改变，使实体造型更灵活方便。单击"主页"选项卡，选择"构造"组中的图标◆右边的下三角按钮，系统弹出"基准平面"下拉菜单，如图 4-1 所示。在 UG NX 2027 中经常使用的是基准平面、基准轴和基准坐标系，灵活使用这些功能可以对建模带来很大方便。

图 4-1 "基准平面"下拉
菜单

4.1.1 基准平面

基准平面是实体造型中经常使用的辅助平面，通过使用基准平面可以在非平面上方便地创建特征，或为草图提供草图工作平面位置。单击"主页"选项卡，选择"构造"组中"基准"下拉菜单中的"基准平面"图标◆，弹出"基准平面"对话框，如图 4-2 所示。

通过选择类型、固定方法等可以很方便地创建所需的基准平面。下面介绍几个常用的创建基准平面的方法。

- ■ 自动判断：UG NX 2027 系统可以通过自动判断约束方式来创建基准平面，常用约束方式有：
  - ➢ 偏置：选择一个平面或基准面，系统会要求输入偏置距离，然后创建一个偏置的基准平面，如图 4-3 所示。

图 4-2 "基准平面"对话框

图 4-3 偏置创建基准平面

UG NX 2027 中文版快速入门实例教程

> ➢ 角度：选择两个平面，系统会自动创建这两个平面的角平分面，如图 4-4 所示。
> ➢ 相切：选择一个平面，系统会自动创建这个平面的相切平面，如图 4-5 所示。

图 4-4　角度创建基准平面

■　点和方向◈：通过选择一个参考点和一个参考矢量，创建通过该点且垂直于所选矢量的基准平面。

通过点和方向方式创建基准平面的具体步骤如下：

1）在视图中拾取一个点，还可以通过使用"点"对话框或图标下拉列表来帮助进行选择。

2）在视图中选择一个矢量，还可以通过使用"矢量"对话框或下拉列表来进行选择。

3）单击"确定"按钮，即可创建所需的基准平面，如图 4-6 所示。

图 4-5　创建相切平面　　　　　　图 4-6　点和方向方式创建基准平面

■　曲线上◈：曲线上方式是通过选择一条参考曲线，创建垂直于该曲线某点处的矢量或法向矢量的基准平面。

通过曲线上的方式创建基准平面的具体步骤如下：

1）选择参考曲线或边界。

2）在文本框中输入参数，设置曲线上点的位置。

3）单击"确定"按钮，即可创建所需的基准平面，如图 4-7 所示。

图 4-7　曲线上的方式创建基准平面

4.1.2　基准轴

基准轴一般用在拉伸实体与旋转实体中，单击"主页"选项卡，选择"构造"组中"基准"下拉菜单中的"基准轴"图标，弹出"基准轴"对话框，如图 4-8 所示。下面介绍几个常用的创建基准轴的方法。

- 自动判断：自动判断约束方式包括三种：重合、平行和垂直。在自动判断方式下系统根据所选对象选择可用的约束。
- 点和方向：通过选择一个参考点和一个参考矢量，创建通过该点且平行于所选矢量的基准轴。

通过点和方向方式创建基准轴的具体步骤如下：

1）在视图中选择一个点，还可以通过使用"点"对话框或图标下拉列表来帮助进行选择。

2）在视图中选择一个矢量，还可以通过使用"矢量"对话框或图标下拉列表来帮助进行选择。

3）单击"确定"按钮，即可创建所需的基准轴，如图 4-9 所示。

■ 两点⟋：通过选用两个参考点，创建通过选择的两个参考点的基准轴。如图 4-10 所示是选择圆柱体两表面上两象限点创建的基准轴。

图 4-8 "基准轴"对话框

图 4-9 点和方向方式创建基准轴   图 4-10 两点创建基准轴

4.1.3 基准坐标系

单击"主页"选项卡，选择"构造"组中的"基准"下拉菜单中的"基准坐标系"图标☒，弹出"基准坐标系"对话框，如图 4-11 所示。创建方法同基准轴和基准平面。基准坐标系一次创建三个基准平面 XY、YZ、ZX 和三个基准轴 X、Y、Z，创建的基准坐标系如图 4-12 所示。

图 4-11　"基准坐标系"对话框

图 4-12　基准坐标系

4.2　基本特征建模

基本特征建模用于创建简单的实体模型，包括块、圆柱、圆锥、球和管，还有孔、凸台、腔、垫块、键槽及槽等。实际的实体造型都可以分解为这些简单的特征建模。

4.2.1　块

单击"主页"选项卡，选择"基本"组"更多"库中的"块"图标，系统弹出"块"对话框，如图 4-13 所示。

下面简单介绍块的三种基本创建方式。

■　原点和边长：该方式是通过一个顶点位置和三边边长来创建块。

【例 4-1】以图 4-14 为例，介绍通过"原点和边长"方式创建块的步骤。

1）执行选项。单击"主页"选项卡，选择"基本"组"更多"库中的"块"图标，系统弹出"块"对话框。

2）选择类型。在"类型"下拉列表中选择"原点和边长"类型，如图 4-13 所示。

3）采用合适的捕捉方式在视图中选择坐标原点，该点是块左下角的顶点。

4）在各文本框中分别输入"长度""宽度"和"高度"的数值为 80、60、80。

5）单击"确定"按钮，即可创建块，如图 4-14 所示。

■　两点和高度：该方式是通过两个点和高度来创建块。

【例 4-2】以图 4-15 为例，介绍通过"两点和高度"方式创建块的步骤。

1）执行选项。单击"主页"选项卡，选择"基本"组"更多"库中的"块"图标，系统弹出"块"对话框。

2）选择类型。在"类型"下拉列表中选择"两点和高度"类型，如图 4-16 所示。

3）在视图上选择点 1 和点 2。

4）在"高度"文本框中输入 80。

5）单击"确定"按钮，即可创建块，如图 4-15 所示。

图 4-13　"块"对话框　　　　　　　图 4-14　通过"原点和边长"方式创建块

图 4-15　通过"两点和高度"方式创建块　　　图 4-16　"两点和高度"类型对话框

点 1 和点 2 为块底面上的矩形对角线上的端点。

■ 　两个对角点：该方式是通过选择两个对角点来创建块。

【例 4-3】以图 4-17 为例，介绍通过"两个对角点" 方式创建块。

1）执行选项。单击"主页"选项卡，选择"基本"组"更多"库中的"块"图标，系统弹出"块"对话框。

2）选择类型。在"类型"下拉列表中选择"两个对角点"类型，如图 4-18 所示。

图 4-17　通过"两个对角点"方式创建块　　　　图 4-18　"两个对角点"类型对话框

3）在视图中选择点 1 和点 2。

4）单击"确定"按钮，即可创建块，如图 4-17 所示。

点 1 和点 2 为块对角线上的端点。

下面简单说明布尔运算，它主要包括合并、减去和相交三种。

■ 　合并：使两个或两个以上不同实体相结合的方法，它可以把不同实体合并成一个新的实体，如图 4-19 和图 4-20 所示。

图 4-19　合并前　　　　　　　　　　图 4-20　合并后

■ 减去：将目标实体减除一个或一个以上工具实体形成新的实体，如图 4-21 所示。

■ 相交：使目标实体与工具实体相交部分成为一个新的实体，如图 4-22 所示。

减去前　　　　　　　　减去后　　　　　　　相交前　　　　　　相交后

图 4-21　减去　　　　　　　　　　　　　　　图 4-22　相交

4.2.2　圆柱

单击"主页"选项卡，选择"基本"组"更多"库中的"圆柱"图标 🛢️，弹出"圆柱"对话框，如图 4-23 所示。在对话框中选择一种圆柱创建方式，所选的方式不一样，系统弹出的对话框也有所差别，下面简单介绍圆柱的两种创建方式。

■　轴、直径和高度：该选项是通过输入直径和高度来创建圆柱体，如图 4-23 所示。

【例 4-4】　以图 4-24 为例，介绍通过"轴、直径和高度"方式创建圆柱体。

1）执行选项。单击"主页"选项卡，选择"基本"组"更多"库中的"圆柱"图标 🛢️，系统弹出"圆柱"对话框。

2）选择类型。在"类型"下拉列表中选择"轴、直径和高度"类型，如图 4-23 所示。

3）在视图中选择一个轴，还可以通过使用"矢量"对话框或图标 ↗️ 下拉列表来指定圆柱的轴线方向。

4）在视图中选择一个点，还可以通过使用"点"对话框或图标 ✏️ 下拉列表来指定创建圆柱底面圆的中心位置。

5）在"直径"和"高度"文本框中分别输入 50、100。

6）单击"确定"按钮，即可创建圆柱体，如图 4-24 所示。

■　圆弧和高度：该选项是通过输入圆弧和高度来创建圆柱体。

【例 4-5】以图 4-25 为例，介绍通过圆弧和高度方式创建圆柱体。

1）绘制草图。进入草绘环境，利用圆弧选项，绘制如图 4-26 所示的圆弧。

2）执行选项。单击"主页"选项卡，选择"基本"组"更多"库中的"圆柱"图标 🛢️，系统弹出"圆柱"对话框，如图 4-27 所示。

3）选择类型。在"类型"下拉列表中选择"圆弧和高度"类型。

4）在视图中选择前面绘制的圆弧。

图 4-23　"圆柱"对话框　　　　　　　　图 4-24　圆柱

5）在"高度"文本框中输入 80。

6）单击"确定"按钮，即可创建圆柱体，如图 4-25 所示。

图 4-25　圆柱体　　　　　图 4-26　圆弧　　　　　图 4-27　"圆柱"对话框

4.2.3　圆锥

单击"主页"选项卡，选择"基本"组"更多"库中的"圆锥"图标，弹出"圆锥"

对话框，如图 4-28 所示。下面介绍对话框中五种圆锥创建方式的用法。

■ 直径和高度：此方式是按指定的底部直径、顶部直径、高度及创建方向创建圆锥。

【例 4-6】以图 4-29 为例，介绍通过"直径"和"高度"方式创建锥体的步骤。

1）执行选项。单击"主页"选项卡，选择"基本"组"更多"库中的"圆锥"图标 🝗，系统弹出"圆锥"对话框。

2）选择类型。在"类型"下拉列表中选择"直径和高度"类型，如图 4-28 所示。

3）指定圆锥的轴线方向。在视图中选择 Z 轴，还可以通过使用"矢量"对话框或图标 ⌯⌁ 下拉列表来进行选择。

4）确定锥体底部中心的位置。在视图中拾取坐标原点，还可以通过使用"点"对话框或图标 ⌯⌁ 下拉列表来帮助进行选择。

5）设置参数。在"底部直径""顶部直径"和"高度"文本框中分别输入数值为 50、20、25。

6）单击"确定"按钮，即可创建锥体，如图 4-29 所示。

■ 直径和半角：该方式是按指定的底部直径、顶部直径、半角及创建方向创建锥体。

【例 4-7】 以图 4-30 为例，介绍通过"直径和半角"方式创建锥体的步骤。

1）执行选项。单击"主页"选项卡，选择"基本"组"更多"库中的"圆锥"图标 🝗，系统弹出"圆锥"对话框。

2）选择类型。在"类型"下拉列表中选择"直径和半角"类型，如图 4-31 所示。

3）指定圆锥的轴线方向。在视图中选择 Z 轴，还可以通过使用"矢量"对话框或图标 ⌯⌁ 下拉列表来进行选择。

图 4-28 "圆锥"对话框

图 4-29 锥体

图 4-30 锥体

图 4-31 "直径和半角"类型

4）在锥体底部中心的位置。在视图中拾取坐标原点，还可以通过使用"点"对话框或图标 ⚡ 下拉列表来帮助进行选择。

5）设置参数。在"底部直径""顶部直径"和"半角"文本框中分别输入数值为 50、20、30。

6）单击"确定"按钮，即可创建锥体，如图 4-30 所示。

■ 底部直径，高度和半角：此方式是按指定底部直径、高度、半角及创建方式创建圆锥。操作方法与前面利用直径和半角创建圆锥的方式基本一致，其对话框如图 4-32 所示，创建的圆锥如图 4-33 所示。

■ 顶部直径，高度和半角：该选项按指定顶部直径、高度、半角及创建方向创建锥体。操作方法与前面利用直径和半角创建圆锥的方式基本一致，其对话框如图 4-34 所示，创建的圆锥如图 4-35 所示。

■ 两个共轴的圆弧：该方式按指定两同轴圆弧的方式创建锥体。

图 4-32 "底部直径，高度和半角"　　图 4-33　锥体　　图 4-34　"顶部直径，高度和半角"
　　　　类型对话框　　　　　　　　　　　　　　　　　　　　　　类型对话框

【例 4-8】以图 4-36 为例，介绍通过两个共轴的圆弧方式创建锥体。

1）绘制草图。在草绘环境中绘制草图，如图 4-37 所示。

2）执行选项。单击"主页"选项卡，选择"基本"组"更多"库中的"圆锥"图标🛆，
系统弹出"圆锥"对话框。

3）选择类型。在"类型"下拉列表中选择"两个共轴的圆弧"类型，如图 4-38 所示。

4）选择圆弧。在视图中选择顶部圆弧和底部圆弧。

5）单击"确定"按钮，即可创建锥体，如图 4-36 所示。

　　　图 4-35　锥体　　　　　　　　　　图 4-36　创建锥体

如果两个圆弧不同轴，系统会以投影的方式将顶端圆弧投影到基准圆弧轴上。

图 4-37　圆弧　　　　　　　图 4-38　"两个共轴的圆弧"类型对话框

4.2.4　球

单击"主页"选项卡，选择"基本"组"更多"库中的"球"图标 🌑，弹出"球"对话框，如图 4-39 所示。下面介绍两种创建球的方式，创建的球如图 4-40 所示。

- 中心点和直径：该选项是采用指定直径和圆心点位置的方式创建球。选择该类型，在视图中指定创建球的中心点位置，在"直径"文本框中输入球的直径后，单击"确定"按钮，完成创建球的操作。
- 圆弧：该选项是采用指定圆弧的方式创建球。选择该类型，选择一条圆弧，该圆弧的半径和中心点分别作为创建球的半径和球心。单击"确定"按钮，即完成创建球的操作。

图 4-39　"球"对话框　　　　　　　图 4-40　球

4.2.5 孔

孔特征是用于为一个或多个零件或组件添加钻孔、沉头孔或螺纹孔特征。

单击"主页"选项卡，选择"基本"组中的"孔"图标，弹出"孔"对话框。

■ 简单：创建具有指定直径、深度和尖端顶锥角的简单孔选择该类型，对话框如图 4-41 所示。

　　➤ 形状：确定孔的外形和尺寸。在"孔大小"下拉列表中选择孔特征的形式，然后根据选择的形式，可以设置孔径和孔的沉头部分的尺寸。

　　➤ 位置：指定孔的位置。可以直接选择已存在的点，或通过单击"草图"按钮，在草图中创建点。

　　➤ 方向：指定孔的方向。包括"垂直于面"和"沿矢量"两种。

　　➤ 限制：用于选择要如何确定孔深限制。

　　➤ 倒斜角：对于螺纹孔孔类型可用，或当孔尺寸设为定制、钻孔尺寸或螺钉间隙时可用。创建与孔共轴的倒斜角。

■ 沉头：创建具有指定直径、深度、顶锥角、沉头直径和沉头深度的沉头孔。选择此类型，对话框如图 4-42 所示。

图 4-41　"简单"类型对话框

图 4-42　"沉头"类型对话框

- 埋头：创建有指定直径、深度、顶锥角、埋头直径和埋头角度的埋头孔。选择该类型，对话框如图 4-43 所示。
- 锥孔：创建具有指定锥角和直径的锥孔。选择该类型，对话框如图 4-44 所示。

图 4-43　"埋头"类型对话框

图 4-44　"锥孔"类型对话框

- 有螺纹：创建螺纹孔，其尺寸标注由标准、螺纹尺寸和径向进刀定义。选择该类型，对话框如图 4-45 所示。
- 孔系列：仅当创建新的孔特征时可用。创建起始、中间和结束孔尺寸一致的多形状、多目标体的一系列对齐孔。使用 JIS 标准创建孔系列时，尺寸的值会依据 JIS-B-1001-1985 标准。包括起始、中间和端点三种规格。选择该类型，对话框如图 4-46 所示。

【例 4-9】以如图 4-47 所示的块为例，讲述孔的创建步骤。

1）单击"主页"选项卡，选择"基本"组"更多"库中的"块"图标📦，系统弹出"块"对话框。在坐标原点创建长、宽和高分别为 50。

2）单击"主页"选项卡，选择"基本"组中的"孔"图标📦，弹出"孔"对话框，选择"简单"类型。

3）单击"绘制截面"按钮✏️，弹出"创建草图"对话框，在视图中拾取块的上表面为孔放置面，单击"确定"按钮，进入草图绘制环境。

图 4-45 "有螺纹"类型对话框

图 4-46 "孔系列"类型对话框

图 4-47 块

4）弹出"草图点"对话框，单击"点对话框"按钮⌖，弹出如图 4-48 所示的"点"对话框。输入孔的坐标（25,25,0），单击"确定"按钮。单击"完成"按钮，退出草绘环境。

图 4-48 "点"对话框

5）返回到"孔"对话框，输入"孔径"和"孔深"为 10、10，单击"应用"按钮，结果如图 4-49 所示。

6）在"孔"对话框中选择"沉头"类型，单击"绘制截面"按钮 ，弹出"创建草图"对话框，拾取块的上表面为孔放置面。单击"确定"按钮，进入草图绘制环境。

7）弹出"草图点"对话框，单击"点对话框"按钮 ，弹出"点"对话框，在对话框中输入孔的坐标为（15,15,0），单击"完成"按钮，退出草绘环境。

8）返回"孔"对话框，输入沉头孔尺寸，如图 4-50 所示。单击"应用"按钮，结果如图 4-51 所示。

图 4-49 简单孔　　图 4-50 输入沉头孔尺寸　　图 4-51 沉头孔

9）在"孔"对话框中选择"埋头"类型，单击"绘制截面"按钮，弹出"创建草图"对话框，拾取块的上表面为孔放置面。单击"确定"按钮，进入草图绘制环境。

10）弹出"草图点"对话框，单击"点对话框"按钮，弹出"点"对话框，在对话框中输入孔的坐标为（35,35,0），单击"完成"按钮，退出草绘环境。

11）返回"孔"对话框，输入埋头孔尺寸，如图4-52所示。单击"确定"按钮，结果如图4-53所示。

图4-52　"埋头孔"尺寸　　　　　图4-53　埋头孔

4.2.6　凸起

单击"主页"选项卡，选择"特征"组"更多"库中的"凸起"图标，弹出如图4-54所示的"凸起"对话框，通过沿矢量投影截面形成的面来修改体。凸起特征对于刚性对象和定位对象很有用。

- 选择面：用于选择一个或多个面以在其上创建凸起。
- 端盖：端盖定义凸起特征的限制地板或天花板，用于使用以下方法之一为端盖选择源几何体。
  - 截面平面：在选定的截面处创建端盖。

> 凸起的面：从选定用于凸起的面创建端盖。
> 基准平面：从选择的基准平面创建端盖。
> 选定的面：从选择的面创建端盖。

■ 位置：
> 平移：通过按凸起方向指定的方向平移源几何体来创建端盖几何体。
> 偏置：通过偏置源几何体来创建端盖几何体。

图 4-54 "凸起"对话框

■ 拔模：指定在拔模操作过程中保持固定的侧壁位置。
> 从端盖：使用端盖作为固定边的边界。
> 从凸起的面：使用投影截面和凸起面的交线作为固定曲线。
> 从选定的面：使用投影截面和所选的面的交线作为固定曲线。
> 从选定的基准：使用投影截面和所选的基准平面的交线作为固定曲线。
> 从截面：使用截面作为固定曲线。

> 无：指定不为侧壁添加拔模。

■ 自由边矢量：用于定义当凸起的投影截面跨过一条自由边（要凸起的面中不包括的边）时修剪凸起的矢量。

> 脱模方向：使用脱模方向矢量来修剪自由边。

> 垂直于曲面：使用与自由边相接的凸起面的曲面法向执行修剪。

> 用户定义：用于定义一个矢量来修剪与自由边相接的凸起。

■ 凸度：当端盖与要凸起的面相交时，可以创建带有凸垫、凹腔和混合类型凸度的凸起。

【例 4-10】以图 4-55 所示的图形为例，讲述凸起的创建步骤。

（1）创建块。

1）单击"主页"选项卡，选择"基本"组"更多"库中的"块"图标，系统弹出"块"对话框，如图 4-56 所示。

2）在对话框中分别输入"长度""宽度"和"高度"为 50、50 和 50，单击"确定"按钮，创建的块如图 4-57 所示。

图 4-55　创建凸台　　　　　图 4-56　"块"对话框　　　　　图 4-57　块

（2）创建凸起 1。

1）单击"主页"选项卡，选择"特征"组"更多"库中的"凸起"图标，系统弹出如图 4-54 所示的"凸起"对话框。

2）单击"绘制截面"按钮，弹出如图 4-58 所示"创建草图"对话框，选择如图 4-59 所示的块上表面为草图绘制平面，单击"确定"按钮，进入草图绘制环境，绘制如图 4-60 所示的草图，单击"完成"按钮。

3）返回到如图 4-61 所示的"凸起"对话框，选择如图 4-59 所示的块上表面为要凸起的面，在"几何体"下拉列表中选择"凸起的面"，在"距离"文本框中输入 20，在"拔模"下拉列表中选择"无"。单击"确定"按钮，完成凸起的创建，如图 4-62 所示。

图 4-58 "创建草图"对话框

图 4-59 选择草图绘制平面

图 4-60 绘制草图

图 4-61 "凸起"对话框

（3）创建凸起2。

1）单击"主页"选项卡，选择"特征"组"更多"库中的"凸起"图标 ，系统弹出如图 4-63 所示的"凸起"对话框。

2）在"几何体"下拉列表中选择"凸起的面"，在"距离"文本框中输入 20，在"拔模"下拉列表中选择"从凸起的面"，在"拔模角"文本框中输入 5。

3）单击"绘制截面"按钮 ，弹出"创建草图"对话框，选择凸起 1 上表面为草图绘制平面，单击"确定"按钮，进入草图绘制环境，绘制如图 4-64 所示的草图，单击"完成" 按钮。

图 4-62　创建凸起 1　　　　　　　　　图 4-63　"凸起"对话框

图 4-64　绘制草图

4）返回到"凸起"对话框，选择凸起 1 的上表面为要凸起的面，单击"确定"按钮，完成凸起 2 的绘制，如图 4-55 所示。

4.2.7 槽

单击"主页"选项卡，选择"基本"组中"更多"库中的"槽"图标，弹出"槽"对话框，如图 4-65 所示。槽的类型主要包括矩形、球形端槽和 U 形槽三类。

【例 4-11】以图 4-66 所示的图形为例，讲述槽的创建步骤。

图 4-65　"槽"对话框 　　　　　　　　　　　　　图 4-66　创建槽

（1）打开文件。单击"主页"选项卡，选择"标准"组中的"打开"图标，弹出"打开"对话框，选择"4-11"，如图 4-67 所示，单击"确定"按钮，进入建模环境。

（2）创建矩形沟槽。

1）单击"主页"选项卡，选择"基本"组中"更多"库中的"槽"图标，弹出"槽"对话框如图 4-65 所示。

2）在"槽"对话框中单击"矩形"按钮，弹出如图 4-68 所示的"矩形槽"放置面选择对话框。

3）在绘图区选择沟槽的放置面，如图 4-69 所示。同时，弹出"矩形槽"参数输入对话框。

图 4-67　打开文件 　　　　　图 4-68　"矩形槽"放置面选择对话框 　　　图 4-69　选择放置面

4）在"矩形槽"参数输入对话框中的"槽直径"和"宽度"文本框中分别输入 9 和 2，如图 4-70 所示。

5）在"矩形槽"对话框中，单击"确定"按钮，弹出如图 4-71 所示的"定位槽"对话框。

6）在绘图区依次选择圆弧 1 和圆弧 2 为定位边缘，如图 4-72 所示。弹出如图 4-73 所示的"创建表达式"对话框。

图 4-70　"矩形槽"参数输入对话框

图 4-71　"定位槽"对话框

图 4-72　选择圆弧

图 4-73　"创建表达式"对话框

7）在"创建表达式"对话框中的文本框中输入 0，单击"确定"按钮，创建矩形槽，如图 4-66 所示。

4.3　特征的扩展

特征的扩展包括特征的拉伸、旋转、阵列和布尔运算。这些特征的扩展是对实体造型的扩展，适用于处理复杂形体的造型，使实体造型简单化。

4.3.1　拉伸

特征拉伸是将实体表面、实体边缘、曲线、链接曲线或者片体通过拉伸创建为实体或者片体。单击"主页"选项卡，选择"基本"组中的"拉伸"图标，系统弹出"拉伸"对话框，如图 4-74 所示。

- 选择曲线：用来指定使用已有草图来创建拉伸特征，在如图 4-74 所示对话框中默认选择图标。
- 绘制截面：在如图 4-74 所示对话框中单击图标按钮，可以在工作平面上绘制草图来创建拉伸特征。
- 拉伸方向：用于设置所选对象的拉伸方向。在图 4-74 所示对话框中单击"指定矢

量"右边的下三角按钮⊡，弹出如图 4-75 所示的"指定矢量"下拉列表。单击图标
⊡，弹出如图 4-76 所示的"矢量"对话框，在该对话框中选择所需的拉伸方向。

图 4-74 "拉伸"对话框

■ 反向：在图 4-76 所示对话框中单击图标⊠，使拉伸方向反向。

■ 限制：

➢ 起始：用于限制拉伸的起始位置。

➢ 结束：用于限制拉伸的终止位置。

■ 布尔：在图 4-74 所示对话框中的"布尔"下拉列表中选择布尔操作选项。

■ 偏置：

➢ 单侧：指在截面曲线一侧创建拉伸特征，此时只有"结束"文本框被激活。

➢ 两侧：指在截面曲线两侧创建拉伸特征，以结束值和起始值之差为实体的厚度。

➢ 对称：指在截面曲线的两侧创建拉伸特征，其中每一侧的拉伸长度为总长度的
一半。

- 拔模：
  - ➢ 从起始限制：允许用户从起始点至结束点创建拔模。
  - ➢ 从截面：允许用户从起始点至结束点创建的锥角与截面对齐。
  - ➢ 从截面-不对称角：允许用户沿截面至起始点和结束点创建不对称锥角。
  - ➢ 从截面-对称角：允许用户沿截面至起始点和结束点创建对称锥角。
  - ➢ 从截面匹配的终止处：允许用户沿轮廓线至起始点和结束点创建锥角，在梁端面处的锥面保持一致。

图 4-75 "指定矢量"下拉列表　　　　图 4-76 "矢量"对话框

【例 4-12】 以图 4-77 所示的圆头平键为例，讲述拉伸的创建步骤。

（1）打开文件。单击"主页"选项卡，单击"标准"组中的"打开"图标 ，弹出"打开"对话框，输入"4-12"，单击"OK"按钮，进入建模环境。

（2）创建拉伸特征。

1）单击"主页"选项卡，选择"基本"组中的"拉伸"图标 ，弹出如图 4-74 所示的"拉伸"对话框，选择图 4-78 所示曲线为拉伸曲线。

图 4-77 圆头平键　　　　　　　　图 4-78 圆头平键曲线

2）在"限制"选项组中的"起始"和"结束"的"距离"文本框中分别输入 0、15，其他默认。

3）在图 4-74 所示的对话框中单击"确定"按钮，创建拉伸特征，如图 4-77 所示。

4.3.2 旋转

特征旋转是将实体表面、实体边缘、曲线、链接曲线或者片体通过旋转创建为实体或者片体。创建步骤与特征的拉伸相类似。

单击"主页"选项卡，选择"基本"组中的"旋转"图标 ，系统弹出"旋转"对话框，如图 4-79 所示。首先选择旋转曲线，然后选择旋转轴，输入旋转角度，单击"确定"按钮即可。旋转体遵循右手定则，大拇指指向旋转方向，四指弯曲方向代表正旋转方向。

【例 4-13】 以图 4-80 所示的垫片为例，讲述旋转的创建步骤。

图 4-79 "旋转"对话框 图 4-80 垫片

（1）绘制草图。

1）选择"菜单"→"插入"→"草图"选项，进入 UG NX 2027 草图绘制环境，绘制草图 1，绘制后的草图如图 4-81 所示。

2）单击"主页"选项卡，选择"草图"组中的图标 ，草图绘制完毕。

（2）创建旋转特征。

1）单击"主页"选项卡，选择"基本"组中的"旋转"图标 ，弹出如图 4-82 所示的"旋转"对话框。

图 4-81　绘制草图

图 4-82　"旋转"对话框

2）选择图 4-81 绘制的曲线为旋转曲线。

3）在图 4-82 所示对话框中的"指定矢量"的下拉列表框中单击图标，在绘图区选择原点为基准点。

4）在图 4-82 所示对话框中，设置"限制"的"起始"选项为"值"，在"角度"文本框中输入 0；同样设置"结束"选项为"值"，在"角度"文本框中输入 360。

5）在图 4-82 所示对话框中，勾选"预览"复选框，预览所创建的旋转特征，如图 4-83 所示。

6）在图 4-82 所示对话框中单击"确定"按钮，创建旋转特征，如图 4-80 所示。

图 4-83　预览所创建的旋转特征

4.3.3　沿引导线扫掠

沿引导线扫掠是沿着一定的轨道进行扫描拉伸，将实体表面、实体边缘、曲线或者链接曲线创建为实体或者片体。

选择"菜单"→"插入"→"扫掠"→"沿引导线扫掠"选项，系统弹出"沿引导线扫掠"对话框，如图 4-84 所示。

用户需要注意的是：引导线可以是光滑的，也可以是有尖锐拐角的。

在引导线中的直线部分，系统采用拉伸的方法创建，在引导线中弧线的部分采用旋转的方法创建。

在引导线中，两条相邻的直线不能以锐角相遇，否则会引起自相交的情况。

在引导线中的弧半径尺寸相对截面曲线尺寸不能太小。

【例 4-14】 以图 4-85 所示为例，讲述沿引导线扫掠的创建步骤。

图 4-84 "沿引导线扫掠"对话框　　　　　图 4-85 沿引导线扫掠

（1）绘制曲线。

1）单击"曲线"选项卡，选择"基本"组中的"圆弧/圆"图标 ，弹出如图 4-86 所示的"圆弧/圆"对话框。勾选"整圆"复选框，选择"从中心开始的圆弧/圆"类型，捕捉原点为圆心，在"平面选项"下拉列表中选择"选择平面"选项，在"指定平面"下拉列表中选择"XC-YC 平面"，在"终点选项"下拉列表中选择"半径"，在"半径"文本框中输入半径值 1，单击"确定"按钮，完成圆 1 的绘制，如图 4-87 所示。

2）同理，在 XC-ZC 平面上绘制圆心坐标为（8,0,0），半径为 8 的圆 2，如图 4-88 所示。

（2）沿引导线扫掠。

1）选择"菜单"→"插入"→"扫掠"→"沿引导线扫掠"选项，弹出"沿引导线扫掠"对话框。

2）在视图中选择圆 1 为截面曲线。

3）在视图中选择圆 2 为引导线，如图 4-89 所示。

4）在"沿引导线扫掠"对话框中单击"确定"按钮，创建引导线扫掠，结果如图 4-85 所示。

图 4-86 "圆弧/圆"对话框   图 4-87 绘制圆 1

图 4-88 绘制圆 2

图 4-89 选择引导线

4.3.4 管

选择"菜单"→"插入"→"扫掠"→"管"选项，系统弹出"管"对话框，如图 4-90 所示。选择管曲线，在文本框中输入所需参数，进行布尔运算，单击"确定"按钮。即可创建如图 4-91 所示的管。

图 4-90 "管"对话框   图 4-91 管

4.4 高级特征建模

本节将介绍 UG NX 2027 的高级特征建模,它主要是在基本建模的基础上增加一些细节。下面介绍几个常用的高级建模选项。

4.4.1 边倒圆

单击"主页"选项卡,选择"基本"组中的"边倒圆"图标 ,弹出"边倒圆"对话框,如图 4-92 所示。下面介绍常用的两种边倒圆选项。

- 边:用来设置固定半径的倒圆,可以多条边一起倒圆,如图 4-93 所示。
- 变半径:用来在一条边上选择不同的点,然后在不同的点的位置设置不同的圆角半径,如图 4-94 所示。

4.4.2 倒斜角

单击"主页"选项卡,选择"基本"组中的"倒斜角"图标 ,弹出如图 4-95 所示的"倒斜角"对话框。该对话框用于在已存在的实体上沿指定的边缘做倒角操作。

- 对称:用于与倒角边邻接的两个面采用同一个偏置方式来创建简单的倒角。
- 非对称:用于与倒角边邻接的两个面分别采用不同偏置值来创建倒角。
- 偏置和角度:用于由一个偏置值和一个角度来创建倒角。

【例 4-15】 以图 4-96 所示的图形为例,创建对称倒斜角。

图 4-92　"边倒圆"对话框　　　　图 4-93　固定边倒圆半径　　　　图 4-94　变半径边倒圆

（1）打开文件。单击"主页"选项卡，选择"标准"组中的"打开"图标，弹出"打开"对话框，输入"4-15"，单击"确定"按钮，进入建模环境。

图 4-95　"倒斜角"对话框　　　　　　　　　　图 4-96　倒斜角

（2）创建倒斜角。

1）单击"主页"选项卡，选择"基本"组中的"倒斜角"图标⬤，弹出 "倒斜角"对话框。

2）在绘图区中选择凸起的边，如图 4-97 所示。

3）在"横截面"下拉列表中选择"对称"，并在"距离"文本框中输入 1，如图 4-98 所示。

4）在"倒斜角"对话框中单击"确定"按钮。创建对称倒斜角，如图 4-96 所示。

图 4-97 选择凸起的边

图 4-98 选择倒斜角边

4.4.3 抽壳

单击"主页"选项卡，选择"基本"组中的"抽壳"图标⬤，弹出如图 4-99 所示的"抽壳"对话框。

- 打开：在抽壳之前移除体的面。选择此类型，在绘图区选择要抽壳操作的面，如图 4-100 所示。

图 4-99 "抽壳"对话框

图 4-100 选择抽壳面

■ 封闭：对体的所有面进行抽壳，且不移除任何面。

【例 4-16】以图 4-101 所示的图形为例，讲述抽壳的创建步骤。

图 4-101　创建的抽壳模型

（1）创建块。

1）选择"菜单"→"插入"→"设计特征"→"块"选项，弹出"块"对话框。

2）在"块"对话框中的"长度""宽度"和"高度"文本框中分别输入 50、50、50。

3）在"块"对话框中单击"确定"按钮，在原点创建块特征，如图 4-102 所示。

（2）创建抽壳。

1）单击"主页"选项卡，选择"基本"组中的"抽壳"图标 📦，弹出"抽壳"对话框，如图 4-103 所示。

2）在"抽壳"对话框"类型"下拉选项中选择"打开"类型。

3）在"抽壳"对话框中的"厚度"文本框中输入 3。

4）在绘图区分别选择如图 4-104 所示的面为移除面，单击对话框中的"确定"按钮，创建模型如图 4-101 所示。

图 4-102　创建块

图 4-103　"抽壳"对话框

图 4-104　选择面

4.4.4　螺纹

螺纹就是在旋转体表面上加工螺纹特征。

单击"主页"选项卡，选择"基本"组中"更多"库中的"螺纹"图标 🔩，弹出"螺纹"对话框，如图 4-105 所示。螺纹的类型主要是"符号"和"详细"两种，选择"符号"类型，螺纹以虚线圆的形式显示在要加工螺纹的面上，可以复制和粘贴符号螺纹；选择"详细"类型，螺纹看起来更逼真，但由于其几何形状及显示的复杂性，创建和更新的时间都要长得多。详细螺纹在创建后可以复制或实例化。选择"详细"类型，如图 4-106 所示。

图 4-105　"螺纹"对话框

图 4-106　"详细"类型对话框

【例 4-17】以图 4-107 所示的图形为例，讲述螺纹的创建步骤。

图 4-107　详细螺纹

（1）打开文件。单击"主页"选项卡，选择"标准"组中的"打开"图标 ，弹出"打开"对话框，输入"4-17"，单击"确定"按钮，进入环境建模。

（2）创建螺纹。

1）选择"基本"组中"更多"库中的"螺纹"图标，弹出如图 4-105 所示的"螺纹"对话框。

2）在"螺纹"对话框中选择螺纹类型为"符号"类型。

3）选择如图 4-108 所示的圆柱面作为螺纹的创建面。

4）选择如图 4-109 所示的面为螺纹起始面。

图 4-108　选择螺纹的创建面　　　　图 4-109　选择起始面

5）在"螺纹长度"文本框中输入长度为 26，其他参数不变，单击"确定"按钮，创建符号螺纹如图 4-110 所示。

若选择"详细"类型，创建的螺纹如图 4-107 所示。

图 4-110　符号螺纹

4.4.5　阵列特征

选择"菜单"→"插入"→"关联复制"→"阵列特征"选项，弹出"阵列特征"对话框，如图 4-111 所示。下面介绍常用的两种阵列方式：

线性：以矩阵阵列的形式来复制所选的实体特征，该阵列方式使阵列后的特征成矩形排列。选择该选项，对话框如图 4-111 所示，选择要阵列的特征，单击"确定"按钮，线性阵列特征如图 4-112 所示。

- 方向 1：用于设置阵列第一方向的参数。
- 指定矢量：用于设置第一方向的矢量方向。
- 间距：用于指定间距方式。包括数量和节距、数量和跨距、节距和跨距三种。

■ 方向 2：用于设置阵列第二方向的参数。其他参数同上。

圆形：以圆形阵列的形式来复制所选的实体特征，该阵列方式使阵列后的特征呈圆周排列。选择该选项，对话框如图 4-113 所示，选择要阵列的特征，单击"确定"按钮。 圆形阵列特征如图 4-114 所示。

■ 数量：用于输入阵列中成员特征的总数目。

■ 节距角：用于输入相邻两成员特征之间的环绕间隔角度。

图 4-111 "阵列特征"对话框　　图 4-112 线性阵列特征　　图 4-113 "圆形"布局对话框

图 4-114 圆形阵列特征

4.4.6　镜像特征

选择"菜单"→"插入"→"关联复制"→"镜像特征"选项，弹出如图 4-115 所示的"镜像特征"对话框。用于以基准平面来镜像所选实体中的某些特征。

【例 4-18】　以图 4-116 所示的图形为例，讲述镜像特征的创建步骤。

（1）打开文件。单击"主页"选项卡，选择"标准"组中的"打开"图标，弹出"打开"对话框，选择"4-18"，单击"确定"按钮，进入 UG 主界面。

（2）镜像埋头孔。

1）选择"菜单"→"插入"→"关联复制"→"镜像特征"选项，弹出如图 4-115 所示的"镜像特征"对话框。

2）在部件导航器或绘图区中选择埋头孔特征为要镜像的特征。

（3）在"平面"下拉列表中选择"新平面"，在"指定平面"下拉列表中选择 YC-ZC平面，单击"确定"按钮，结果如图 4-116 所示。

图 4-115　"镜像特征"对话框

图 4-116　镜像埋头孔后的实体

4.4.7　修剪体

单击"主页"选项卡，选择"基本"组中的"修剪体"按钮，系统弹出如图 4-117 所示"修剪体"对话框。使用该选项可以使用一个面、基准平面或其他几何体修剪一个或多个目标体。选择要保留的体部分，并且修剪体将采用修剪几何体的形状。示意图如图 4-118 所示。

由法向矢量的方向确定目标体要保留的部分。矢量指向远离将保留的目标体部分。图 4-118 显示了矢量方向将如何影响目标体要保留的部分。

图 4-117　"修剪体"对话框

a）修剪前　　　　　　　　　　　　　　　b）修剪后

c）修剪前　　　　　　　　　　　　　　　d）修剪后

图 4-118　"修剪体"示意图

4.5 实例操作

4.5.1 小端盖

本例创建小端盖，如图 4-119 所示。

图 4-119　小端盖

【思路分析】

首先绘制草图进行旋转，然后绘制矩形，通过拉伸和阵列创建凹槽，再通过孔特征创建孔，最后进行边倒圆，绘制的流程如图 4-120 所示。

图 4-120　绘制小端盖的流程

【知识要点】

🍃 旋转　　　🍃 阵列　　　🍃 拉伸　　　🍃 边倒圆

【操作步骤】

1）打开文件。单击"主页"选项卡，选择"标准"组中的"打开"图标 🗁，弹出"打开"对话框，选择"3-3"，进入建模环境。

2）另存文件。选择"菜单"→"文件"→"另存为"选项，打开"另存为"对话框，输入"xiaoduangai"，草图曲线如图 4-121 所示，单击"确定"按钮，进入建模环境。

3）单击"主页"选项卡，选择"基本"组中的"旋转"图标 🐨，弹出"旋转"对话框，如图 4-122 所示。选择如图 4-121 所示的草图曲线为旋转曲线，单击对话框中"指定矢量"右侧的下三角按钮，在弹出的下拉列表中选择图标 ⤢，选择 Y 轴为旋转轴。然后选择与 Y 轴重合的直线上一点。在对话框的文本框中将截面串旋转的"起始"值"角度"设置为 0，"结束""角度"设置为 360。单击"确定"按钮，即可创建旋转体，如图 4-123 所示。

图 4-121 草图曲线　　　　　图 4-122 "旋转"对话框　　　　　图 4-123 旋转体

4）选择"菜单"→"插入"→"草图"选项，弹出"创建草图"对话框，选择 XC-YC 平面为草图工作平面，完成草图工作平面的设置。

5）单击"主页"选项卡，选择"曲线"组中的"矩形"图标□，系统弹出"矩形"对话框，如图 4-124 所示。单击图标，在绘图区中合适位置处单击，作为矩形的左上顶点位置，拖动光标至合适大小，单击"确定"按钮，结果如图 4-125 所示。

6）单击"主页"选项卡，选择"求解"组中的"快速尺寸"图标，在草图中添加尺寸标注。将矩形"宽度"设置为 8、"高度"设置为 7.2，右面到中线的距离设置为 4，底边到水平基准平面的"距离"设置为 53.3，如图 4-126 所示。单击"主页"选项卡，选择"草图"组中的"完成"图标，退出草绘环境。

图 4-124 "矩形"对话框　　　　图 4-125 绘制矩形　　　　图 4-126 标注草绘的矩形尺寸

7）单击"主页"选项卡，选择"基本"组中的"拉伸"图标，系统弹出"拉伸"对话框，如图 4-127 所示。选择步骤 6）创建的长方形草图作为拉伸曲线。在文本框中输入 60，选择"布尔"运算为"减去"，结果如图 4-128 所示。单击"确定"按钮，即可创建凹槽特征，如图 4-129 所示。

图 4-127　"拉伸"对话框　　　　图 4-128　拉伸预览　　　图 4-129　创建凹槽特征

8）阵列凹槽特征，使其沿圆周方向均匀分布。选择"菜单"→"插入"→"关联复制"→"阵列特征"选项，系统弹出"阵列特征"对话框，如图 4-130 所示。选择步骤 7）创建的拉伸特征为阵列特征，选择"圆形"布局，设置"指定矢量"为"YC"，指定"点"为原点，设置"间距"为"数量和间隔"，"数量"为 4，"节距角"为 90，即阵列凸槽特征，如图 4-131 所示。

9）单击"主页"选项卡，选择"基本"组中的"孔"图标，系统弹出"孔"对话框，如图 4-132 所示。单击"绘制截面"按钮，弹出"创建草图"对话框，选择顶部平面，进入草绘环境，弹出"草图点"对话框。单击"点对话框"按钮，弹出"点"对话框。在对话框中输入孔坐标为（50,0,0），如图 4-133 所示。单击"确定"按钮，在顶面创建点。

10）单击"完成"按钮，回到"孔"对话框。选择"简单"类型，在"孔径"文本框中输入 9，在"孔深"文本框中输入 50，在"布尔"下拉列表中选择"减去"，单击"确定"按钮，创建如图 4-134 所示的孔。

11）按步骤 8）的方法，设置通孔的环形阵列数量为 6，节距角为 60，结果如图 4-135 所示。

图 4-130　"阵列特征"对话框

图 4-131　阵列凸槽特征

图 4-132　"孔"对话框

图 4-133　"点"对话框

图 4-134　创建的孔

图 4-135　阵列孔

12）单击"主页"选项卡，选择"基本"组中的"边倒圆"图标 ，系统弹出"边倒圆"对话框，如图 4-136 所示。在对话框中设置圆角的"半径"为 1，选择图 4-137 所示的边，单击"应用"按钮，为旋转体创建一个圆角特征，如图 4-138 所示。

图 4-136 "边倒圆"对话框   图 4-137 选择圆角边   图 4-138 创建圆角特征

13）将"边倒圆"对话框中的圆角"半径"改为 6，选择图 4-139 所示的边，单击"确定"按钮，在旋转体内侧创建一个圆角特征，如图 4-140 所示。

14）单击"主页"选项卡，选择"基本"组中的"倒斜角"图标，弹出如图 4-141 所示"倒斜角"对话框。选择图 4-142 所示的边，在对话框中设置"距离"为 2，单击"确定"按钮，创建倒角特征，如图 4-143 所示。

图 4-139 选择圆角边   图 4-140 创建圆角   图 4-141 "倒斜角"对话框

图 4-142　选择倒角边　　　　图 4-143　创建倒角特征

4.5.2　下箱体

本例创建下箱体，如图 4-144 所示。

图 4-144　下箱体

【思路分析】

首先绘制草图进行旋转，然后绘制矩形，通过拉伸和阵列创建凹槽，再通过孔特征创建孔，最后进行边倒圆。绘制的流程如图 4-145 所示。

图 4-145　下箱体的绘制流程

【知识要点】

● 块　　　　　● 阵列　　　　　● 孔　　　　　● 边倒圆

【操作步骤】

1）选择"菜单"→"文件"→"新建"选项，在弹出的"新建"对话框中选择存盘文件的位置，输入文件的名称"xiaxiangti"，选择"模型"模板。完成后单击"确定"按钮。

2）单击"主页"选项卡，选择"基本"组"更多"库中的"块"图标🔲，系统弹出如图 4-146 所示的"块"对话框。选择"原点和边长"类型，输入块的"长度"为 368、"宽度"为 190、"高度"为 20，在绘图区绘制如图 4-147 所示的块。

图 4-146　"块"对话框　　　　　　　　　图 4-147　块

3）选择"菜单"→"插入"→"细节特征"→"边倒圆"选项，系统弹出"边倒圆"对话框，如图 4-148 所示。在圆角"半径"的文本框中输入 20，然后选择块的四个角的棱边，如图 4-149 所示，单击"确定"按钮，完成对块圆角的操作，如图 4-150 所示。

4）单击"主页"选项卡，选择"基本"组"更多"库中的"块"图标🔲，系统弹出"块"对话框，指定点位置（0,44,20）在对话框中输入块的"长度"为 368、"宽度"为 102、"高度"为 170，在"布尔"下拉列表中选择"合并"，单击"确定"按钮，将两个块合并为一个实体，如图 4-150 所示。

5）单击"主页"选项卡，选择"基本"组中的"孔"图标🔲，系统弹出"孔"对话框，如图 4-151 所示。在对话框中选择"沉头"类型，单击"绘制截面"按钮，弹出"创建草图"

对话框，在绘图区中拾取表面为孔放置面，如图 4-152 所示，原点坐标为（0,0,0），单击"确定"按钮，进入草绘环境。弹出"草图点"对话框，单击"点对话框"按钮，弹出如图 4-153 所示的"点"对话框。输入点的坐标为（34,22,0），单击"确定"按钮，创建的点如图 4-154 所示。单击"完成"按钮，退出草绘环境，进入建模环境。

图 4-148 "边倒圆"对话框　　　图 4-149　选择圆角边　　　图 4-150　创建块

6）在"孔"对话框中，在"沉头直径"文本框中输入 30，"沉头深度"输入 5，"孔径"输入 15，"孔深"输入 20。单击"确定"按钮，创建如图 4-155 所示的孔。

7）选择"菜单"→"插入"→"关联复制"→"阵列特征"选项，系统弹出"阵列特征"对话框。选择"线性"布局，选择沉头孔为要形成阵列的特征，对话框设置如图 4-156 所示，其中 YC 向"数量"为 2，"间隔"为 146，XC 向"数量"为 3，"间隔"为 150，单击"确定"按钮，完成孔的阵列，如图 4-157 所示。

8）选择"菜单"→"插入"→"偏置/缩放"→"抽壳"选项，系统弹出如图 4-158 所示的"抽壳"对话框。在"厚度"文本框中输入 11.5，然后选择块顶面，如图 4-159 所示。单击"确定"按钮，完成对块的抽壳操作，如图 4-160 所示。

9）选择"菜单"→"插入"→"草图"选项，弹出"创建草图"对话框，选择壳体的侧面为草图绘制平面，单击"确定"按钮，进入草图绘制界面，绘制如图 4-161 所示的草图。

10）单击"主页"选项卡，选择"基本"组中的"拉伸"图标，系统弹出"拉伸"对话框，如图 4-162 所示。选择步骤 9）绘制的草图为要拉伸的曲线，在"指定矢量"下拉列表中选择"-YC 轴"，在"终止距离"文本框中输入 47，在"布尔"下拉列表中选择"合并"选项，单击"确定"按钮，创建如图 4-163 所示的实体。

图 4-151   "孔"对话框

图 4-152   选择孔放置面

图 4-153   "点"对话框

图 4-154   创建的点

图 4-155　创建的孔　　　　　图 4-156　"阵列特征"对话框　　　　　图 4-157　阵列孔

图 4-158　"抽壳"对话框　　　　　图 4-159　选择块顶面　　　　　图 4-160　抽壳块

图 4-161　绘制草图

图 4-162　"拉伸"对话框

图 4-163　创建拉伸实体

图 4-164　绘制草图

11）选择"菜单"→"插入"→"草图"选项，弹出"创建草图"对话框，选择壳体的侧面为草图绘制平面，单击"确定"按钮，进入草图绘制界面，绘制如图 4-164 所示的草图。

12）单击"主页"选项卡，选择"基本"组中的"拉伸"图标 ，系统弹出如图 4-165 所示的"拉伸"对话框。选择步骤 11）绘制的矩形草图为拉伸的截面线串。在"距离"文本框中输入 40，在"布尔"下拉列表中选择"合并"，单击"确定"按钮。创建如图 4-166 所示的实体。

图 4-165　"拉伸"对话框

图 4-166　创建拉伸实体

13）单击"主页"选项卡，选择"构造"组中"基准"下拉菜单中的"基准平面"图标 ，弹出如图 4-167 所示"基准平面"对话框。选择"按某一距离"类型，在视图中选择壳体的上表面，如图 4-168 所示。在对话框中的"距离"文本框中输入 0，单击"确定"按钮，完成基准平面的创建，如图 4-169 所示。

14）单击"主页"选项卡，选择"基本"组中的的"修剪体"图标 ，弹出如图 4-170 所示的"修剪体"对话框。在视图中选择实体为目标体，选择步骤 13）创建的基准平面为工具，单击"确定"按钮，修剪实体如图 4-171 所示。

图 4-167　"基准平面"对话框

图 4-168　选择壳体上表面

图 4-169　创建基准平面

UG NX 2027 中文版快速入门实例教程

图 4-170　"修剪体"对话框　　　　图 4-171　修剪实体

15）单击"主页"选项卡，选择"基本"组中的"孔"图标，系统弹出"孔"对话框。选择"简单"类型，在视图中拾取大凸起圆心为孔位置。在"孔"对话框中的"孔方向"下拉列表中选择"沿矢量"，在"指定矢量"下拉列表中选择"YC 轴"。在对话框的"孔径"文本框中输入 100，"孔深"文本框中输入 60，单击"确定"按钮。

同理，在小凸起上创建直径为 80 的孔，如图 4-172 所示。

16）单击"主页"选项卡，选择"基本"组中的"边倒圆"图标，系统弹出"边倒圆"对话框。选择图 4-172 所示的边缘线 1 和 2 进行边倒圆，圆角的半径为 18，如图 4-173 所示。

17）选择"菜单"→"插入"→"草图"选项，进入草绘环境。选择箱体上表面为草图工作平面。单击"主页"选项卡，选择"曲线"组中的"轮廓"图标，绘制如图 4-174 所示草图。单击"完成"后，退出草绘环境，进入建模环境。

图 4-172　创建孔　　　　图 4-173　创建边倒圆

18）单击"主页"选项卡，选择"基本"组中的"拉伸"图标 ，系统弹出"拉伸"对话框，选择步骤 17）绘制的草图，在"指定矢量"下拉列表中选择"-ZC 轴"，在"布尔"下拉列表中选择"合并"，在"距离"文本框中输入 10，单击"确定"按钮，创建拉伸实体 1如图 4-175 所示。

图 4-174　绘制草图　　　　　　　　　　　图 4-175　创建拉伸实体 1

19）选择"菜单"→"插入"→"关联复制"→"镜像特征"选项，弹出如图 4-176 所示的"镜像特征"对话框。选择前面创建的实体为要镜像的特征，选择拉伸体的侧面为镜像平面，单击"确定"按钮，创建镜像特征 1，如图 4-177 所示。

图 4-176　"镜像特征"对话框　　　　　　　图 4-177　创建镜像特征 1

20）选择"菜单"→"插入"→"草图"选项，进入草绘环境。选择箱体的侧面为草图工作平面。单击"主页"选项卡，选择"曲线"组中的"矩形"图标 □，绘制如图 4-178所示草图，单击"完成"后退出草绘环境，进入建模环境。

21）单击"主页"选项卡，选择"基本"组中的"拉伸"图标 ，系统弹出"拉伸"对话框，选择步骤 20）创建的草图为拉伸曲线，在"距离"文本框中输入 44，在"布尔"下拉列表中选择"合并"，单击"确定"按钮，拉伸创建加强筋如图 4-179 所示。

图 4-178　绘制加强筋草图

图 4-179　拉伸创建加强筋

22）选择"菜单"→"插入"→"关联复制"→"镜像特征"选项，弹出如图 4-180 所示的"镜像特征"对话框。选择步骤 21）创建的加强筋为要镜像的特征，在"平面"下拉列表中选择"新平面"，并在"指定平面"下拉列表中选择"二等分"，选择创建的第二个块的两面，单击"确定"按钮，创建镜像特征 2，如图 4-181 所示。

图 4-180　"镜像特征"对话框

图 4-181　创建镜像特征 2

23）单击"主页"选项卡，选择"基本"组中的"孔"图标，弹出"孔"对话框。选择下箱体上表面为草绘平面，进入草图绘制环境，弹出"草图点"对话框，单击"点对话框"按钮，弹出"点"对话框。分别输入点位置坐标为（70.75,25,190）、（216.75,25,190）、（342.75,25,190）、（70.75,165,190）、（216.75,165,190）、（342.5,165,190），单击"完成"，退出草绘环境，进入建模环境。在对话框中输入孔的"直径"为 16、"深度"为 60，单击"确定"按钮。完成六个孔的创建，如图 4-182 所示。

24）单击"主页"选项卡，选择"基本"组中的"孔"图标，弹出"孔"对话框。选择下箱体上表面为草绘平面，进入草绘环境，弹出"草图点"对话框。单击"点对话框"按钮[⋮⋮]，弹出"点"对话框。分别输入点位置坐标为（−10,125,190）和（375.75,65,190），单击"完成"退出草绘环境，进入建模环境。在对话框中输入孔的"直径"为10、"深度"为60，单击"确定"按钮。完成两个孔的创建，如图4-183所示。

25）在部件导航器中选择基准平面、草图、基准坐标系，单击鼠标右键，在弹出的快捷菜单中选择"隐藏"选项，将视图中的基准平面、草图、基准坐标系隐藏，如图4-184所示。

图 4-182　创建六个孔

图 4-183　创建两个孔

图 4-184　部件导航器

4.6 练习题

创建图 4-185～图 4-187 所示实体。

图 4-185 实体练习 1

图 4-186 实体练习 2

图 4-187　实体练习 3

第 5 章　曲面造型

导读

　　UG NX 2027 不仅提供了基本的特征建模模块，同时提供了自由曲面的特征建模模块和自由曲面编辑模块及自由曲面变换模块。通过自由曲面模块可以方便地生成曲面薄体或实体模型；通过自由曲面编辑模块和自由曲面变换模块可以实现对自由曲面的各种编辑修改操作。

学　习　要　点

- ◎　基于曲线的曲面造型
- ◎　编辑曲面

5.1 基于曲线的曲面造型

本节将讲解利用曲线进行曲面造型的相关内容，以便读者更好、更快地去创建和处理三维实体模型。曲面的命令可以通过图 5-1 所示的"曲面"选项卡来实现。

图 5-1 "曲面"选项卡

UG NX 2027 中"曲面"选项卡可以通过"定制"对话框定制，如图 5-2 所示。选择"曲面"，单击"确定"按钮即可。

图 5-2 "定制"对话框

5.1.1 通过曲线组

复杂曲面很多是以截面线作为输入，每一个截面上的点先构成样条曲线，再构造曲面，这样保证构造的曲面通过每一条曲线。

单击"曲面"选项卡，选择"基本"组中的"通过曲线组"图标，弹出"通过曲线组"对话框，如图 5-3 所示。

- 补片类型：该选项用于设置所产生薄体的偏移面类型，建议选择多个。
- 对齐：该下拉列表用于调整所创建的薄体。

➢ 参数：选择此选项，所选择的曲线将在相等参数区间等分，即所选择的曲线全长将完全被等分。

➢ 弧长：选择此选项，所选择的曲线将沿相等的弧长定义线段，即所选择的曲线全长将完全被等分。

➢ 根据点：选择此选项，可在所选择的曲线上，定义依序点的位置，当定义依序点后，薄体将据依序点的路径创建。其依序点在每个选择曲线上仅能定义一点。

➢ 距离：选择该选项，所创建的偏移面为一组均分的偏移面。

➢ 角度：选择此选项，薄体的构造面会沿其所设置的轴向向外等分，扩到最后一条选择的曲线。

➢ 脊线：选择此选项，则当定义完曲线后，系统会要求选择脊线；选择脊线后，所产生的薄体范围会以所选择的脊线长度为准。

➢ 根据段：若选择为样条定义点，则所产生的薄体会以所选择曲线的相等切点为穿越点，但其所选择的样条则限定为 B-曲线。

图 5-3   "通过曲线组"对话框   图 5-4   曲面

【例 5-1】以图 5-4 所示的曲面为例，讲述通过曲线组创建曲面的步骤。

（1）打开文件。单击"主页"选项卡，选择"标准"组中的"打开"图标⌒，弹出"打开"对话框，输入"5-1"，如图 5-5 所示。单击"确定"按钮，进入建模环境。

（2）创建通过面组曲面。

1）单击"曲面"选项卡，选择"基本"组中的"通过曲线组"图标 ⬦，系统弹出 "通过曲线组"对话框。

2）按顺序从左边开始依次选择截面，先选择第一组截面。记得每条选择结束要单击鼠标中键，或单击"添加新截面"图标 ⊕，将进行下一个对象的选择。选择第一组截面线串后如图 5-6 所示。

3）选择两组曲面中间的曲线作为第二组截面线串，已选择的两组截面线串方向应当一致，如图 5-7 所示。

图 5-5　素材文件　　　　图 5-6　选择第一组截面线串　　图 5-7　选择第二组截面线串

4）选择第三组截面线串为曲面组的边线。三组截面线串方向应当一致，如图 5-8 所示。

5）"连续性"选项组如图 5-9 所示。在"第一个截面"下拉列表中选择"G1（相切）"，选择第一组截面所在的所有曲面作为相切面，如图 5-10 所示。

图 5-8　选择第三组截面线串　　图 5-9　"连续性"选项组　　图 5-10　选择第一组截面的相切面

6）在"最后一个截面"下拉列表中选择"G1（相切）"，选择第三组截面所在的所有曲面作为相切面，如图 5-11 所示。

图 5-11　选择第三组截面的相切面

7）在"通过曲线组"对话框中选择"对齐"为"参数"方式，"补片类型"为多个，"次数"为3，其余默认。

8）在"通过曲线组"对话框中单击"确定"按钮，创建的曲面如图 5-4 所示。

5.1.2 通过曲线网格

通过曲线网格输入两个方向的曲线创建曲面。一个方向的曲线称为主线串，另一个方向曲线称为交叉线串，这些曲线不相交，但大致是垂直的。过曲线网格的曲面是双三次，即 U、V 方向都是三次，不需要用户指定。由于是两个方向的曲线，构造的曲面不能保证完全过两个方向的曲线，因此用户可以强调以哪个方向为主。如果以一个方向为主，则保证曲线过这个方向的曲线，另一个方向的曲线不一定落在曲面上，可能存在一定的误差；如果强调两个方向，则曲面可能都不通过曲线。单击"曲面"选项卡，选择"基本"组中的"网格曲面"下拉菜单中的"通过曲线网格"图标，系统弹出"通过曲线网格"对话框，如图 5-12 所示。依次选择主曲线，每次选择后都应该按鼠标中键确定出现箭头，如图 5-13 所示。如果不再需要主曲线，可在"交叉曲线"中单击"选择曲线"按钮，依次选择交叉曲线，方法同选择主曲线，此时不出现箭头，然后选择着重方法等参数，单击"确定"，即可创建所需曲面。

图 5-12　"通过曲线网格"对话框　　　　图 5-13　通过曲线网格创建曲面

5.1.3 扫掠

扫掠特征是将剖面线沿引导线串运动扫掠创建实体，它具有较大的灵活性，可以控制比例、方位的变化。

单击"曲面"选项卡，选择"基本"组中的"扫掠"图标 ，系统弹出"扫掠"对话框，如图 5-14 所示。

- 截面：剖面线不必是光滑的，但必须是位置连续的。剖面线和引导线不必相交。一条剖面线可以由不同的对象创建，如直线、曲线等组成的一个剖面。
- 引导线（最多 3 条）：引导线在扫掠方向上用于控制扫掠体的方位和比例，每个引导线可以是多段曲线合成的，但必须是光滑连续的。引导线的条数最多可有三条。
- 脊线：控制截面线方位，在扫掠步骤中，剖面线所在的平面保持与脊线垂直。
- 截面选项：
  - ➢ 引导线末端：剖面线组成的平面只在引导线末端与导引线垂直。
  - ➢ 沿引导线任何位置：剖面线组成的平面与引导线处处垂直。
- 定向方法：
  - ➢ 固定：选择该选项，则不需重新定义方向，剖面线将按照其所在的平面的法线方向创建薄体，并将沿着导引线保持这个方向。
  - ➢ 面的法向：选择该选项，则系统会要求选择一个曲面，以所选择的曲面矢量方向和沿着导引线的方向创建薄体。
  - ➢ 矢量方向：选择该选项，则系统是将坐标系的第二个轴与一个矢量对齐，这个矢量是由引导线上的长度指定的。
  - ➢ 另一曲线：选择该选项，则坐标系的第二个轴是通过连接引导线和另一条曲线上对应的点得到的，另一条曲线不能与引导线相交。
  - ➢ 一个点：选择该选项，与另一曲线的做法类似，区别在于另一条曲线变为点。
  - ➢ 角度规律：用于通过规律子函数来定义方位的控制规律。
  - ➢ 强制方向：选择该选项，将剖面线所在平面始终固定为一个方位。
- 缩放方法：
  - ➢ 恒定：在沿引导线运动步骤中，常数比例保持不变。

图 5-14 "扫掠"对话框

> 倒圆功能：圆角过渡比例，在扫掠的起点和终点施加一个比例，介于两者之间的部分可以采用线性或三次插值进行比例控制。

> 另一曲线：类似方向选择中的另一曲线。

> 一个点：与上述方法类似。

> 面积规律：剖面线形成的面积在沿引导线运动步骤中用规律曲线控制大小。

> 周长规律：剖面线形成的周长在沿引导线运动步骤中用规律曲线控制长短。

【例 5-2】 以图 5-15 所示的曲面为例，讲述扫掠曲面的创建步骤。

图 5-15　创建的扫掠曲面

（1）打开文件。单击"主页"选项卡，选择"标准"组中的"打开"图标□，弹出"打开"对话框。选择"5-2"，如图 5-16 所示，单击"确定"按钮，进入建模环境。

（2）创建扫掠曲面。扫掠可以采用 1 个截面线串和两个引导线串来创建曲面，也可以采用两个截面线串和 1 个引导线串来创建曲面。

1）单击"曲面"选项卡，选择"基本"组中的"扫掠"图标◇，系统弹出"扫掠"对话框。

2）先采用一个截面线串和两个引导线串来创建曲面。选择截面线串如图 5-17 所示，单击鼠标中键两次。

3）按照顺序开始依次进行引导线串的选择，同样每条引导线串选择结束要单击鼠标中键，或单击"添加新引导"图标⊕，将进行下一条引导线串的选择。选择引导线串后如图 5-18 所示。

图 5-16　素材文件　　　　图 5-17　选择截面线串　　　　图 5-18　选择引导线串

4）其余设置保留默认状态，单击"确定"按钮或按鼠标中键，创建扫掠曲面，如图 5-19 所示。

5）还可以采用两个截面线串和一个引导线串来创建曲面。将上面创建的曲面删除，调用扫掠曲面功能。

6）重新选择截面线串和引导线串如图 5-20 所示。

7）其余设置保留默认状态，单击"确定"按钮或按鼠标中键，创建的扫掠曲面如图 5-15 所示。

图 5-19　创建扫掠曲面

图 5-20　重新选择截面线串和引导线串

5.1.4　N 边曲面

利用曲线或边构成一个简单的封闭环，该环构成一个新曲面；指定一个约束曲面，再将新曲面补到边界曲面上，形成一个光滑的曲面。

单击"曲面"选项卡，选择"基本"组中"更多"库中的"N 边曲面"图标🖱，系统弹出"N 边曲面"对话框，如图 5-21 所示。

- 类型：
  - ➢ 已修剪：通过所选择的封闭的边缘或者封闭的曲线创建一个单一的曲面。
  - ➢ 三角形：通过每个选择的边和中心点创建一个三角形的片体。
- 外环：选择一个封闭的曲线或者边缘。
- 约束面：选择一个曲面，用来限制创建的曲面在边缘上相切或者具有相同的曲率。
- UV 方向：包括脊线、矢量、区域三个选项。
- 修剪到边界：用来设置创建的曲面在边缘上是否与曲线或者曲面对齐。

5.1.5　延伸

在曲面设计中经常需要将曲面向某个方向延伸。主要用于扩大曲面片体，延伸通常采用近似的方法建立。

单击"曲面"选项卡，选择"基本"组中"更多"库中的"延伸曲面"图标🖱，系统弹出"延伸曲面"对话框，如图 5-22 所示。

- 方法：
  - ➢ 相切：延伸曲面与一个已有面在边界上具有相同的切平面。
  - ➢ 圆弧：沿着光滑曲面的边界，以所在边界的曲率半径构成的圆弧延伸，延伸长正。
- 距离：
  - ➢ 按长度：延伸长度按照指定的长度值。
  - ➢ 按百分比：按照原曲面的百分比进行延伸。

选择合适的延伸方法后，需要在绘图区选择基面，即要延伸的曲面，然后选择基面上的曲线，即要延伸的曲线；然后输入延伸长度或角度，单击"确定"按钮即可创建所需曲面。

图 5-21　"N 边曲面"对话框

图 5-22　"延伸曲面"对话框

【例 5-3】 以图 5-23 所示的曲面为例，讲述延伸曲面的创建步骤。

图 5-23　创建的延伸曲面

（1）打开文件。单击"主页"选项卡，选择"标准"组中的"打开"图标，弹出"打开"对话框，选择"5-3"，如图 5-24 所示，单击"确定"按钮，进入建模环境。

（2）延伸曲面。

1）单击"曲面"选项卡，选择"基本"组中"更多"库中的"延伸曲面"图标，系统弹出"延伸曲面"对话框。

2）延伸"方法"选择"相切"。

3）选择"按长度"延伸，在"长度"文本框内输入 10，如图 5-25 所示。

4）选择要延伸的边，如图 5-26 所示，单击"确定"按钮，结果如图 5-23 所示。

图 5-24　素材文件　　　　　　　图 5-25　设置延伸曲面参数

图 5-26　选择延伸边

5.1.6　规律延伸

　　规律延伸是利用规律曲线控制延伸曲面的长度和角度。单击"曲面"选项卡，选择"基本"组中的"规律延伸"图标✎，系统弹出"规律延伸"对话框，如图 5-27 所示。

　　UG NX 2027 中，可通过动态拖动方式创建规律延伸曲面。系统显示用于控制长度和角度变化规律的拖动手柄，可以直接拖动创建规律延伸曲面。在所需要建立的曲面没有精确参数控制要求的条件下，使用动态拖动方式非常方便、直观，特别适于造型设计或初步设计。

　　【例 5-4】　以图 5-28 所示的曲面为例，讲述规律延伸的创建步骤。

图 5-27   "规律延伸"对话框　　　　　　图 5-28   创建的规律延伸曲面

（1）打开文件。单击"主页"选项卡，选择"标准"组中的"打开"图标，弹出"打开"对话框，选择"5-4"，单击"确定"按钮，进入建模环境。

（2）规律延伸曲面。

1）单击"曲面"选项卡，选择"基本"组中的"规律延伸"图标，系统弹出"规律延伸"对话框。

2）选择延伸"类型"为"面"。

3）选择基本轮廓曲线，延伸的曲面从该曲线开始。

4）选择需要延伸的平面。

5）按鼠标中键后，拖动原点即可改变延伸曲面的的方向，拖动箭头即可改变延伸曲面的长度，如图 5-29 所示，单击"确定"按钮，创建的规律延伸的曲面如图 5-28 所示。

图 5-29   拖动创建规律延伸曲面

5.1.7　曲面偏置

曲面偏置用于在曲面上建立等矩面或变矩偏置面。系统通过法向投影的方式创建偏置面，输入的距离称为偏置距离，偏置所选择的曲面称为基面。

选择"菜单"→"插入"→"偏置/缩放"→"偏置曲面"命令，系统弹出"偏置曲面"对话框，如图 5-30 所示。该对话框用于将已存在的曲面沿法线方向偏移创建新的曲面，并且原曲面位置不变，即实现了曲面的偏移和复制。

【例 5-5】　以图 5-31 所示的曲面为例，讲述曲面偏置的创建步骤。

（1）打开文件。单击"主页"选项卡，选择"标准"组中的"打开"图标 📂，弹出"打开"对话框，选择"5-5"，单击"确定"按钮，进入建模环境。

（2）偏置曲面。

1）选择"菜单"→"插入"→"偏置/缩放"→"偏置曲面"命令，系统弹出"偏置曲面"对话框。

2）在视图中选择曲面为要偏置的曲面，如图 5-32 所示。

3）在"偏置 1"的文本框中输入 30，单击"确定"按钮，创建的偏置曲面如图 5-31 所示。

图 5-30　"偏置曲面"对话框　　图 5-31　创建的偏置曲面　　图 5-32　选择偏置曲面

5.1.8　修剪片体

修剪片体是通过投影边界轮廓线对片体进行修剪。

选择"菜单"→"插入"→"修剪"→"修剪片体"命令，系统弹出"修剪片体"对话框，如图 5-33 所示。

- ■　目标：选择需要修剪的片体。
- ■　选择对象：选择用于修剪的边界曲线。
- ■　投影方向：用于确定边界的投影方向。
- ■　区域：选择需要放弃的或保留的区域。

【例 5-6】以图 5-34 所示的图形为例，讲述修剪片体的创建步骤。

图 5-33　"修剪片体"对话框　　　　　图 5-34　创建修剪片体

（1）打开文件。单击"主页"选项卡，选择"标准"组中的"打开"图标，弹出"打开"对话框，选择"5-6"，如图 5-35 所示，单击"确定"按钮，进入建模环境。

（2）修剪曲面。

1）选择"菜单"→"插入"→"修剪"→"修剪片体"命令，系统弹出"修剪片体"对话框。

2）选择曲面为目标片体。

3）指定投影方向，选择"垂直于面"。

4）选择绘图区中的曲线作为边界对象，如图 5-36 所示。

5）单击"确定"按钮即可创建。

图 5-35　素材文件　　　　　　　　图 5-36　选择边界对象

5.1.9　桥接

桥接是在两个主曲面之间构造一个新曲面，过渡曲面与两个曲面的连续条件可以采用切矢连续或曲率连续两种方法，同时，为了进一步精确控制桥接片体的形状，可选择另外两组曲面或两组曲线作为曲面的侧面边界。桥接曲面使用方便，曲面连接过渡光滑，边界条件自由灵活，形状便于控制，是曲面过渡的常用方法，图 5-37 所示为桥接的创建方式。

选择"菜单"→"插入"→"细节特征"→"桥接"命令，系统弹出"桥接曲面"对话框，如图 5-38 所示。

图 5-37　桥接的创建方式　　　　　　　　图 5-38　"桥接曲面"对话框

【例 5-7】以图 5-39 所示的图形为例，讲述桥接曲面的创建步骤。

（1）打开文件。单击"主页"选项卡，选择"标准"组中的"打开"图标，弹出"打开"对话框，选择"5-7"，如图 5-40 所示，单击"确定"按钮，进入建模环境。

（2）桥接曲面。

1）选择"菜单"→"插入"→"细节特征"→"桥接"命令，系统弹出"桥接曲面"对话框。

2）选择需要桥接的两个主曲面或曲面的内侧边。注意，两个曲面的箭头方式应一致，如图 5-41 所示。

3）单击"确定"按钮，即可创建桥接曲面，如图 5-39 所示。

图 5-39　创建的桥接曲面　　　　图 5-40　素材文件　　　　图 5-41　选择曲面

5.2　编辑曲面

利用自由曲面可以设计复杂的造型。自由曲面是可以修改的，UG NX 2027 还提供编辑曲面的功能，常用的编辑曲面的命令在"编辑"组中，如图 5-42 所示。

图 5-42　"编辑"组

5.2.1　X 型

能够编辑以极点为数据构造的曲面，通过移动极点，从而达到改变曲面形状的目的，新的极点可以从绘图区中直接给出。

单击"曲面"选项卡，选择"编辑"组中的"X 型"图标，系统弹出"X 型"对话框，如图 5-43 所示。

- 曲线或曲面：用户可根据需要选择曲线编辑或曲面编辑。
  - ➢ 极点选择：选择对象可以是任意点、极点和行。
- 参数设置：改变 U/V 向的次数和补片数从而调节曲面。
  - ➢ U/V 向次数：调节曲面在 U 向或 V 向片体的阶次。
  - ➢ U/V 向补片数：调节指定 U 向或 V 向的补片的数目。两个方向的阶次和补片数的结合控制着输入点和创建的片体之间的距离误差。
- 方法：可根据需要选择移动、旋转、比例和平面化编辑曲面。
- 边界约束：可以调节 U 最小值（或最大值）和 V 最小值（或最大值）来约束曲面的边界。
- 设置：可以设置提取方法和提取公差值，恢复父面选项。
- 微定位：指定使用微调选项时动作的速率。

【例 5-8】以图 5-44 所示的图形为例，讲述 X 型编辑曲面的创建步骤。

图 5-43　"X 型"对话框

图 5-44　X 型编辑曲面

（1）打开文件。单击"主页"选项卡，选择"标准"组中的"打开"图标，弹出"打开"对话框，选择"5-8"，如图 5-45 所示，单击"确定"按钮，进入建模环境。

（2）编辑曲面。

1）单击"曲面"选项卡，选择"编辑"组中的"X 型"图标，系统弹出"X 型"对话框。

2）选择图中曲面，如图 5-46 所示。

3）拖动任意极点到所需位置，单击"确定"按钮，完成曲面的创建。

图 5-45　素材文件

图 5-46　选择曲面

5.2.2 扩大

扩大是用于在选择的被修剪的或原始的表面基础上创建一个扩大或缩小的曲面。单击"曲面"选项卡，选择"编辑"组中"更多"库中的"扩大"图标 🔖，弹出如图 5-47 所示的"扩大"对话框。

- 全部：选择该复选框，用于同时改变 U 向和 V 向的最大和最小值，只要移动其中一个滑块，就会改变其他的滑块。
- 线性：曲面上延伸部分是沿直线延伸而成的直纹面。该选项只能扩大曲面，不能缩小曲面。
- 自然：曲面上的延伸部分是按照曲面本身的函数规律延伸。该选项既可扩大曲面，也可缩小曲面。

通过"扩大"编辑曲面示例如图 5-48 所示。

图 5-47　"扩大"对话框

缩小曲面

原曲面　　　扩大曲面

图 5-48　通过"扩大"编辑曲面

5.3　实例操作——汽车曲面

本例创建汽车曲面，如图 5-49 所示。

图 5-49　汽车曲面

【思路分析】

　　首先打开绘制好的源文件，利用通过曲线组、桥接、截面曲面创建曲面，最后做颜色的修改，完成汽车曲面的创建。创建的汽车曲面流程如图 5-50 所示。

图 5-50　创建汽车曲面的流程

【知识要点】

🔹通过曲线组　　　🔹桥接　　　🔹截面曲面

【操作步骤】

在 UG NX 2027 的草绘环境中，绘制二维草图轮廓，为下一步实体操作做好准备。

1）打开文件。单击"主页"选项卡，选择"标准"组中的"打开"图标，弹出"打开"对话框，选择"xiaoqichequxian"，素材文件如图 5-51 所示，单击"确定"按钮，进入建模环境。

2）另存文件。选择"菜单"→"文件"→"另存为"命令，弹出"另存为"对话框，输入"xiaoqiche"，单击"确定"按钮，进入建模环境。

3）选择"菜单"→"插入"→"网格曲面"→"通过曲线组"命令，系统弹出"通过曲线组"对话框，如图 5-52 所示。选择 5 条曲线作为截面，如图 5-53 所示。单击"确定"按钮，即可创建如图 5-54 所示的前保险杠曲面。

图 5-51 素材文件　　　图 5-52 "通过曲线组"对话框　　　图 5-53 选择曲线

4）按照步骤 3）的操作过程，选择三条曲线作为操作的对象来创建车身侧面曲面，如图 5-55 所示。

5）按照步骤 3）的操作步骤，选择 5 条曲线作为操作的对象来创建车身前端曲面，如图 5-56 所示。

6）按照步骤 3）的操作步骤，选择 5 条曲线作为操作的对象来创建后保险杠曲面，如图 5-57 所示。

图 5-54　创建前保险杠曲面

图 5-55　创建车身侧面曲面

图 5-56　创建车身前端曲面

图 5-57　创建后保险杠曲面

7）按照步骤 3）的操作步骤，选择 5 条曲线作为操作的对象来创建车身后端曲面，如图 5-58 所示。

8）选择"菜单"→"插入"→"细节特征"→"桥接"命令，系统弹出"桥接曲面"对话框，如图 5-59 所示。在视图中选择前保险杠和车身侧面，单击"确定"按钮，即可创建如图 5-60 所示的曲面。

图 5-58　创建车后端曲面

图 5-59　"桥接曲面"对话框

9）选择"菜单"→"插入"→"细节特征"→"桥接"命令，系统弹出"桥接曲面"对话框。在视图中选择后保险杠和车身侧面，单击"确定"按钮，即可创建如图 5-61 所示的曲面。

图 5-60 创建前保险杠和车身侧面的桥接曲面　　图 5-61 创建后保险杠和车身侧面桥接曲面

10）单击"曲面"选项卡，选择"基本"组中"更多"中的"截面曲面"图标，系统弹出"截面曲面"对话框，如图 5-62 所示。选择"二次"类型和"Rho"模式，在视图中选择前保险杠的上边缘和车身前端曲面的上边缘为起始和终止引导线，选择"按面"斜率控制，在视图中选择前保险杠曲面和车身前端曲面为起始和终止面，选择与 Y 轴重合的直线为脊线，单击"确定"按钮，即可创建如图 5-63 所示的发动机罩曲面。

11）按照步骤 10）的操作步骤，选择后端曲面和后保险杠，创建后车厢曲面，如图 5-64 所示。

图 5-62 "截面曲面"对话框

图 5-63　创建发动机罩曲面

图 5-64　创建后车厢曲面

12）按照步骤 8）的操作步骤，选择车身前端曲面和车身后端曲面作为操作对象来创建车身的侧曲面，如图 5-65 所示。

13）按照步骤 10）的操作步骤，选择车身侧面的边缘和面作为引导线和斜率控制，选择与 X 轴重合的直线为脊线，创建后车身的侧面过渡曲面，如图 5-66 所示。

图 5-65　创建车身侧曲面

图 5-66　创建后车身侧面过渡曲面

14）选择"菜单"→"插入"→"网格曲面"→"通过曲线组"选项，系统弹出"通过曲线组"对话框，如图 5-67 所示。选择一条曲线然后按中键，再选择另一条曲线，最后在弹出的"通过曲线组"对话框中接受系统的默认值，单击"确定"按钮，即可创建如图 5-68 所示的后车灯曲面。

15）选择"菜单"→"插入"→"网格曲线"→"通过曲线组"选项，系统弹出"通过曲线组"对话框。选择三条曲线作为操作对象，单击"确定"按钮，即可创建如图 5-69 所示的前风窗曲面。

16）选择"菜单"→"插入"→"网格曲线"→"通过曲线组"选项，系统弹出"通过曲线组"对话框。选择三条曲线作为操作对象，单击"确定"按钮，即可创建如图 5-70 所示的后风窗曲面。

图 5-67　"通过曲线组"对话框　　图 5-68　创建后车灯曲面　　图 5-69　创建前风窗曲面

17）选择"菜单"→"插入"→"细节特征"→"桥接"选项，系统弹出"桥接曲面"对话框。选择前风窗和后风窗曲面为操作对象，单击"确定"按钮，即可创建如图 5-71 所示的车顶曲面。

图 5-70　创建后风窗曲面　　　　　　　　　　图 5-71　创建车顶曲面

18）单击"曲面"选项卡，选择"基本"组中"更多"库中的"截面曲面"图标，系统弹出"截面曲面"对话框。选择"三次"类型和"圆角-桥接"模式，在绘图区内依次选择引导线、斜率控制、脊线五个操作对象，并且设置"截面控制"接受系统的默认设置，如图 5-72 所示。单击"确定"按钮，即可创建如图 5-73 所示的车窗曲面。

19）选择"菜单"→"插入"→"关联复制"→"镜像特征"命令，弹出"镜像特征"对话框。在"要镜像的特征"选项组中选择车身侧面、车身过渡曲面和车窗曲面，在"平面"下拉列表中选择"新平面"，并在"指定"下拉列表中选择"XC-ZC 平面"，单击"确定"按钮。创建整个车身如图 5-74 所示。

图 5-72　设置截面曲面参数

图 5-73　创建车窗曲面

图 5-74　创建整个车身

20）选择要改变颜色的车窗，单击"视图"选项卡，选择"对象"组中的"编辑对象显示"图标 ✎，系统弹出如图 5-75 所示的对话框。改变风窗颜色，如图 5-76 所示。

21）单击"菜单"→"编辑"→"显示和隐藏"→"隐藏"命令，系统弹出"类选择"对话框，如图 5-77 所示。选择其中要隐藏的特征，效果图如图 5-49 所示。

图 5-75　"编辑对象显示"对话框　　图 5-76　改变风窗颜色　　图 5-77　"类选择"对话框

5.4　练习题

绘制如图 5-78 所示的叶轮和图 5-79 所示的灯罩。

图 5-78　叶轮

图 5-79　灯罩

第6章 装配

导读

装配模块是 UG NX 2027 中集成的模块,用于实现将零件的模型装配成一个最终的产品模型。装配模块不仅可以快速将零件产品组合,而且在装配中可以参考其他的部件进行部件之间的关联设计,还可以对装配的模型进行间隙分析和重量管理等操作。

学 习 要 点

- ◉ 自底向上装配
- ◉ 自顶向下装配
- ◉ 组件阵列
- ◉ 装配导航器
- ◉ 装配爆炸图

6.1　装配概述

装配的过程实际就是在部件之间建立起相互约束的关系。由于采用的是一个数据库，所以在装配过程中的部件与原来部件之间的关系是既可以被引用，也可以被复制。装配的模型主要有两种方式：

（1）多组装配。将所需部件复制到装配文件中，原部件和复制部件间不存在关联性。它复制了大量已有数据，并占有大量的内存空间，因此速度将不可避免地降低。

（2）虚拟装配。这种装配的方式通过使用指针来引用实体，部件之间存在关联性。当进行某个零部件的修改时，装配体也将发生相应的改变。由于采用指针管理，所需的内存占有量大大减小，而且在引用的过程中，对于不进行编辑加工的零部件，系统要进行统一的显示。

一般来说，一个大的装配体可以看成由多个相对较小的装配体构成，而这些小的装配体由零部件构成。在进行装配的过程中，往往先建立小的装配体，然后再对这些小的装配体进行关系约束，这些小的装配体称为子装配体。

6.1.1　装配概念

装配模型创建后，可建立爆炸图，并可将其引入到装配工程图中。同时，在装配工程图中，可自动产生装配明细表，并能对轴测图进行局部挖切。

1）装配部件：由零件和子装配构成的部件。在 UG NX 2027 中，允许向任何一个 Part 文件中添加部件构成装配，因此任何一个 Part 文件都可以作为装配部件。在 UG NX 2027 中，零件和部件不必严格区分。需要注意的是，当存储一个装配时，各部件的实际几何数据并不是存储在装配部件文件中，而是存储在相应零件文件中。

2）子装配：在高一级装配中被用作组件的装配，子装配也拥有自己的组件。子装配是一个相对的概念，任何一个装配部件可在更高级装配中用作子装配。

3）组件对象：从装配部件链接到部件主模型的指针实体。一个组件对象记录的信息有部件名称、层、颜色、线型、线宽、引用集和配对条件等。

4）组件：装配中由组件对象所指的部件文件。组件可以是单个部件（即零件），也可以是一个子装配。组件是由装配部件引用，而不是复制到装配部件中。

5）单个零件：指在装配外存在的零件几何模型，它可以添加到一个装配中去，但它不能含有下级组件。

6）主模型：供 UG NX 2027 模块共同引用的部件模型。同一主模型可同时被工程图、装配、加工、机构分析和有限元分析等模块引用。当主模型修改时，相关应用自动更新，即当主模型修改时，有限元分析、工程图、装配和加工等应用都根据部件主模型的改变自动更新。

6.1.2 装配方法

1）自顶向下装配：指在装配的过程中创建与其他部件相关的部件模型，是在装配部件的顶部向下产生子装配和部件的装配的方法。

2）自底向上装配：先创建部件几何模型，再组合成子装配，最后创建装配部件的装配方法。

3）混合装配：指将自顶向下装配和自底向上装配结合在一起的装配方法。在实际设计中可根据需要在两种模式下切换。

6.1.3 装配中部件的不同状态

1）显示部件：在图形窗口中显示的部件、组件和装配体都称为显示部件。在主界面中，显示部件的文件名称显示在图形窗口的标题栏处。

2）工作部件：可以在其中建立和编辑几何对象的部件。工作部件可以是显示部件，也可以是显示部件中的任何部件。当打开一个部件文件时，它既是显示部件又是工作部件。当然，显示部件和工作部件可以不同，在这种情况下，工作部件的颜色和其他部件的颜色有明显的区别。

6.2 引用集

装配的引用集是装配组件中的一个命名的对象集合。利用引用集，在装配中可以只显示某一组件中指定引用集的那部分对象，而其他的对象不显示在装配模型中。

在进行装配的过程中，每个部件所包含的信息都非常复杂。如果要在装配中显示所有部件的信息，毫无疑问，整个图形窗口将变得非常混乱，而且很多不必要的信息也会造成浪费，降低运行的速度。引用集是解决这个问题的工具，它可以将部分几何对象编制成组，以后只要调用它就可以。

建立的引用集属于当前的工作部件。选择"菜单"→"格式"→"引用集"选项，弹出如图 6-1 所示的"引用集"对话框。

在这个对话框中，可以对引用集进行创建、删除、重命名、编辑属性和信息查找等操作，还可以对引用集的内容进行添加和删除设置。

在"引用集"对话框中，系统提供了六个默认的引用集，下面着重介绍空和整体部件引用集。

图 6-1 "引用集"对话框

- Empty（空）：这个引用集不包括任何的几何对象，所以在进行装配时看不到它所定义的部件，这样可以提高速度。
- Entire Part（整体部件）：引用集的全部几何数据。在默认的情况下系统选用这个类型的引用集。

单击"引用集"对话框中的按钮，在"引用集名称"文本框中输入引用集名称，在图形窗口选择要添加的几何对象，单击"关闭"按钮，创建引用集。此时引用集的坐标系方向和原点都是当前工作坐标系的方向和原点。

6.3　自底向上装配

自本节开始将讲述 UG NX 2027 的具体装配方法。一般情况下，装配组件有两种方法，一种方法是首先全部设计好装配的组件，然后将组件添加到装配中，在工程应用中这种方法称为自底向上的装配方法；另外一种方法就是需要根据实际情况才能判断要装配的组件的大小和形状，所以要先创建一个新的组件，然后在该组件中建立几何对象或是将原有的几何对象添加到新建的组件中，这样装配的方法称为自顶向下的装配方法。自底向上的装配方法是常用的装配的方法，即先选择装配中的部件，再将部件添加到装配中，由底向上逐渐地进行装配。

采用自底向上的装配方法，选择已经存在的组件的方法有两种：绝对坐标的方法和配对定位的方法。

6.3.1　绝对坐标的方法

选择"菜单"→"装配"→"组件"→"添加组件"选项，可以按照不同的定位方式添加新的零部件。

选择该选项后，系统弹出如图 6-2 所示"添加组件"对话框。

"添加组件"对话框中的各选项的含义如下：

- 选择部件：在计算机中选择要装配的部件文件。
- "已加载的部件"列表框：该列表框中显示了已打开的部件文件，若要添加的部件文件已存在于该列表框中，直接选择该部件文件即可。
- 打开：单击该按钮，打开"部件名"对话框，在该对话框中选择要添加的部件文件 *.prt。"部件文件"选择完后，单击"确定"按钮，返回到图 6-2 所示的"添加组件"对话框。同时，系统将出现一个组件预览窗口，用于预览所添加的组件，如图 6-3 所示。
- 位置：
  - ➤ 装配位置：装配中组件的目标坐标系。该下拉列表中提供了"对齐""绝对坐标系-工作部件""绝对坐标系-显示部件"和"工作坐标系"四种装配位置。

1）对齐：通过选择位置来定义坐标系。

2）绝对坐标系-工作部件：将组件放置于当前工作部件的绝对原点。

3）绝对坐标系-显示部件：将组件放置于显示装配的绝对原点。

4）工作坐标系：将组件放置于工作坐标系。

➢ 组件锚点：坐标系来自用于定位装配中组件的组件，可以通过在组件内创建产品接口来定义其他组件系统。

■ 保持选定：选择此复选框，维护部件的选择，这样就可以在下一个添加操作中快速添加相同的部分。

■ 引用集：用于改变引用集。默认引用集是模型，表示只包含整个实体的引用集。用户可以通过其下拉列表选择所需的引用集。

■ 图层选项：用于设置添加组件加到装配组件中的哪一层，其下拉列表包括：

➢ 工作的：表示添加组件放置在装配组件的工作层中。

➢ 原始的：表示添加组件放置在该部件创建时所在的图层中。

➢ 按指定的：表示添加组件放置在另行指定的图层中。

图 6-2 "添加组件"对话框

图 6-3 预览所添加的组件

6.3.2　配对定位的方法

装配约束是指部件在相互配合中的装配关系，它主要通过限制部件之间的自由度来实现。

选择"菜单"→"装配"→"组件位置"→"装配约束"选项，系统将弹出如图 6-4 所示的"装配约束"对话框。

■ 接触对齐：
  ➤ 查找最接近的：自动根据所选几何体的方位指派约束的方位。如果所选对象的法向矢量的角度小于等于 90 度，则约束为接触约束。如果所选对象的法向矢量的角度大于 90 度，则该约束为对齐约束。
  ➤ 首选接触：当接触和对齐解都可能时显示接触约束。（在大多数模型中，接触约束比对齐约束更常用。）
  ➤ 接触：贴合定位两个相一致的同类对象，使其位置重合。对于平面对象，用匹配约束时，它们共面且法线方向相反。
  ➤ 对齐：该关联类型对齐相关联项。当对齐平面时，使两个表面共面且法线方向相同。
  ➤ 自动判断中心/轴：当对齐圆柱、圆锥和圆环面等对称实体时，使其轴线相一致。

图 6-4　"装配约束"对话框

■ 角度：该约束类型是在两个对象间定义角度尺寸，用于约束相配组件到正确的方位上。角度约束可以在两个具有方向矢量的对象间产生，角度是两个方向矢量的夹角。这种约束允许约束不同类型的对象，如可以在面和边缘之间指定一个角度约束。

角度约束有两种类型：3D 角和方向角度。平面角约束需要一根转轴，两个对象的方向矢量与其垂直。

■ 平行：该约束类型约束两个对象的方向矢量，使其彼此平行。
■ 垂直：该约束类型约束两个对象的方向矢量，使其彼此垂直。
■ 中心：该约束类型约束两个对象的中心，使其中心对齐。
  ➤ 1 对 2：将相配组件中的一个对象定位到基础组件中两个对象的对称中心上。
  ➤ 2 对 1：将相配组件中的一个对象定位到基础组件中的一个对象上，并与其对称。当选择该选项时，选择步骤中的第二被激活，允许在相配组件上选择第二个关联对象。
  ➤ 2 对 2：使相配组件中的两个对象与基础组件中的两个对象成对称布置。当选择该选项时，四个选择步骤图标全部被激活，需分别选择对象。
■ 同心：将相配组件中的一个对象定位到基础组件中一个对象的中心上，其中一个对象必须是圆柱或轴，即对称实体。

■ 距离：该约束类型用于指定两个相关联项间的最小三维距离，距离可以是正值也可以是负值，正、负号确定相关联项是在目标对象的哪一边。

如果选择距离约束类型，在关联条件对话框中的选项补偿表达式和激活。补偿表达式显示当前距离约束表达式的名称和数值，如果表达式不存在，则产生一个新的表达式。在"补偿"文本框中可以改变表达式的名称和数值，数值显示当前偏置值。

6.4　自顶向下装配

自顶向下的装配过程理解上比较直接，即首先创建一个装配体，然后下移一层，创建该装配体引用的子装配和组件，依次进行下一层子装配和组件，最后获得整体装配。当工作部件是未设计完的组件而显示部件是装配件时，采用自顶向下的装配设计方法非常有用。自顶向下装配的设计方法主要有以下两种。

6.4.1　装配方法 1

首先在装配体中创建几何模型，然后创建新的组件，并把几何模型添加到新的组件中。

当采用自底向上的装配设计方法添加组件时，可以选择在当前工作环境中现存的组件，但是处于该环境中现存的三维实体不会在列表框中显示，不能被当作组件进行添加，它只是一个几何模型，不含有其他的组件信息，若要使其也添加到当前装配中，就必须采用自顶向下的方法进行装配。该方法的主要操作步骤如下：

1）打开一个含有几何模型的文件，或者先在该文件中建立几何模型。

2）创建一个新的装配体。选择"菜单"→"装配"→"组件"→"新建组件"选项，弹出"新建组件"对话框，如图 6-5 所示。

图 6-5　"新建组件"对话框

该对话框中各选项的含义说明如下：

- 组件名：该选项用于指定组件名称，默认为组件存盘文件名，该名称可以修改。
- 引用集：该选项用于指定引用集。
- 图层选项：该选项用于设置新建的组件添加到装配组件中的哪一层，其中包括三个选项：
  - ➢ 工作的：指将新组件添加到装配组件的工作层。
  - ➢ 原始的：表示新组件保持原来的层位置。
  - ➢ 按指定的：指将新组件添加到装配组件的指定层。

3）单击"确定"按钮，新建的组件就被装配到组件中了。

用同样的方法新建另外一个组件，在装配导航器中选择两者之间的关系。在新建的组件中建立几何模型，并建立工作组。

6.4.2　装配方法 2

首先在装配体中创建一个新的组件，它不含有任何的几何对象，然后使其成为工作组件，再在其中建立几何模型。

建立不含有几何对象的新组件的操作步骤如下：

1）打开一个文件。该文件可以是一个不含有几何对象的新文件，也可以是含有几何对象的几何体，或是装配组件的文件。

2）创建新的组件。选择"菜单"→"装配"→"组件"→"新建组件"选项，弹出"新建组件"对话框，如图 6-5 所示。选择添加到该组件的几何实体。由于创建的是不含几何对象的新组件，因此该处不选择几何对象。在"组件名"文本框中输入组件名称，单击"确定"按钮。

在新的组件产生后，由于其不含有任何的几何对象，因此装配图形没有什么变化，新建的组件显示在装配导航器中。

3）将新建的组件设置为工作部件，建立几何模型。

4）将装配件设为工作部件。

5）新建的文件就被装配到配件中了。

6）按上面的方法操作直到完成。

6.5　组件阵列

组件添加到装配体以后可以对部件进行删除、抑制、阵列、替换和重新定位等操作。选择"菜单"→"装配"→"组件"→"阵列组件"选项，弹出"阵列组件"对话框。

- 线性阵列：在图 6-6 所示的"阵列组件"对话框"布局"下拉列表中选择"线性"，它将创建线性阵列。在该对话框中可以进行如下设置：
  - ➢ 阵列定义：它可以定义方向和间距。
  - ➢ 指定矢量：指定线性方向，按此方向进行阵列。

> ➤ 间距：间距的类型包括"数量和节距""数量和跨距""节距和跨距"。
> ➤ 数量：指定阵列组件的数量。
> ➤ 间隔：每个阵列组件之间的距离。

图 6-6　"阵列组件"对话框

● 圆形阵列：当"布局"选为"圆形"后，指定矢量和填写数量和节距角后，它将创建环形的阵列形式。

在这个对话框中可以分别定义圆形阵列的参数轴、阵列对象以及偏移的角度。

> ➤ 旋转轴：该选项用于定义阵列组件的矢量和指定点。
> ➤ 斜角方向：包括间距类型、数量和节距角。

6.6　装配导航器

6.6.1　概述

装配导航器是在另外一个独立的窗口中以树状方式显示装配结构，可对装配组件进行操作的一种工具。它可以通过单击图标 ，打开如图 6-7 所示"装配导航器"工作窗口。与其他的 CAD 类软件的特征树一样，装配导航器也有节点、分支等，可以方便地对组件进行操作。

图 6-7　"装配导航器"工作窗口

在该工作窗口中，第一个节点表示顶层装配的组件，其下方的每一个节点均表示装配中的一个组件或部件，列出了组件名、该子装配所引用的组件数，以及组件文件对应的装配组件名、所引用的引用集名等。

对于装配导航器，可以按照下面的步骤进行操作：

1）一般是先选择某一节点，然后利用组件快捷菜单进行操作。

2）在"装配导航器"工作窗口中选择组件，与直接在图形显示的窗口中选择组件一样，被选择的组件将明显高亮度显示。

3）在"装配导航器"工作窗口中选择组件的方法和步骤，与在 Windows 资源管理器中选择文件夹一样，可单选、连续多选或非连续多选。

4）在"装配导航器"工作窗口中对节点的拖放操作，可以将一个组件移动到某一子装配中变成该子装配的一个组件。

6.6.2 装配导航器操作

如果将光标移动到装配树的一个节点，或选择若干个节点并单击鼠标右键，弹出快捷菜单，其中提供了很多便捷选项，如图 6-8 所示。用户可以通过选择菜单中的选项来完成对导航器的操作。

装配导航器具体操作选项如下：

- 设为工作部件：该选项是用于切换装配导航器中显示部件的方式。选择菜单中的"设为工作部件"选项，则在装配导航器中显示选择的部件，其余部件变为透明。

- 打开和关闭："打开"选项可以改变装配导航器显示群体的方式。在部件中多次添加同一个零件后，装配导航器中将出现多个零件图标，或者一个零件图标加上数量单位两种显示方式。如果此时快捷菜单中的选项为"打开"，选择后，装配导航器将改变为一个图标加上数量单位的形式。可再次单击鼠标右键，执行"关闭"选项，就可以回到原来多个零件的图标。

- 隐藏：该选项可对零件进行隐藏操作。该选项的功能与"编辑"菜单中的"隐藏"选项的用法是相同的。当要隐藏绘图区内的零件时，可以单击装配导航器中的零件图标，此时系统将显示快捷菜单。如果选择的图标已经隐藏，快捷菜单中的选项将显示的是"显示"，选择后，隐藏的区域将显示在绘图区内；如果选择的图标未隐藏，则快捷菜单中显示的是"隐藏"选项。

图 6-8 节点快捷菜单

装配导航器是对装配结构进行编辑的方便、有利的工具。装配导航器一旦建立，就可以利用装配导航器完成大部分的装配编辑工作，且操作简单、方便。

6.7　装配爆炸图

6.7.1　概述

　　"爆炸"选项显示装配内部的零件，其中包括"新建爆炸""复制到新爆炸""删除爆炸"和"在工作视图中显示爆炸"等选项，利用"新建爆炸"选项可构建一个用户所需的爆炸图，并且可以通过"编辑爆炸""复制到新爆炸"和"删除爆炸"等选项对爆炸图进行编辑，还可以通过"在可见视图中隐藏爆炸"和"在工作视图中显示爆炸"切换不同的爆炸图。

　　可以看到，原来组装在一起的零部件已经分为 单独的零件了，但是它们的装配关系保持不变。爆炸图和用户建立的视图一样，一旦建立，就可以作为单独的图形文件进行处理了。

　　爆炸图仍然遵循 UG NX 2027 的单一数据库的规范，其操作仍然带有关联性，用户可以对爆炸图中的任意组件或者零件进行加工，它们都会直接反映到原来的装配图中并且发生相应变化，但是用户不能够爆炸装配部件中的实体，而且不能在当前模型中对爆炸图进行导入或是导出等操作。

　　"爆炸"对话框可以通过选择"菜单"→"装配"→"爆炸"选项，打开如图 6-9 所示对话框。也可以使用"装配"选项卡中的"爆炸"组中的选项来打开"爆炸"对话框。对爆炸图的操作主要包括新建爆炸、编辑爆炸、复制到新爆炸、删除爆炸、隐藏和显示爆炸操作等。另外，用户还可以对组件等进行控制。

6.7.2　爆炸图的建立和编辑

　　1）建立爆炸图。选择"菜单"→"装配"→"爆炸"选项，系统将弹出如图 6-9 所示"爆炸"对话框，用户可以在对话框中单击"新建爆炸"按钮🖲，弹出如图 6-10 所示的"编辑爆炸"对话框，在"爆炸名称"文本框中输入爆炸图的名称，系统默认爆炸图的名称为爆炸 1，选择要爆炸的组件，将其移动到指定位置，单击"确定"按钮，完成爆炸图的创建。

　　返回到"爆炸"对话框，单击"在可见视图中隐藏爆炸"按钮🖲，恢复到爆炸之前，单击"在工作视图中显示爆炸"按钮🖲，返回到爆炸图。

　　2）编辑爆炸图。选择"菜单"→"装配"→"爆炸"选项，系统将弹出如图 6-9 所示"爆炸"对话框，用户可以在对话框中单击"编辑爆炸"按钮🖲，弹出"编辑爆炸"对话框，

　　选择爆炸图组件的方法主要有以下几种：

　　用鼠标的左键直接选择进行爆炸。

　　用 Shift＋左键选择多个连续的组件。

　　用 Ctrl＋左键选择多个不连续的组件进行爆炸。

　　选择完爆炸图组件以后，单击"指定方位"选项，用动态手柄可以拖动组件到合适的位置。完成编辑爆炸图参数设置后，单击"确定"按钮。如果对于编辑的结果不满意，可以单击"删除爆炸"按钮使组件复原。

图 6-9　"爆炸"对话框

图 6-10　"编辑爆炸"对话框

6.8　装配检验

装配检验主要是检验装配体各个部件之间的干涉、距离、角度以及各相关的部件之间的主要的几何关系是不是满足要求的条件。

装配的干涉分析就是要分析装配中的各零部件之间的几何关系之间是否存在干涉现象，以确定装配是不是可行。

选择"菜单"→"分析"→"简单干涉"选项，系统弹出如图 6-11 所示"简单干涉"对话框。可以对已经装配好的对象检查它们之间的面，边缘等几何体之间的是否存在干涉现象。

6.9　实例操作

6.9.1　高速轴装配

本实例完成高速轴的装配，如图 6-12 所示。

【思路分析】

将已有的实体在 UG 装配环境下，通过一定的装配约束条件，将各个零件装配起来，其装配流程如图 6-13 所示。

图 6-11　"简单干涉"对话框

图 6-12　高速轴装配

图 6-13　高速轴的装配流程

【知识要点】

添加组件

【操作步骤】

1）选择"菜单"→"文件"→"新建"选项，弹出"新建"对话框，如图 6-14 所示。选择存盘文件的位置，输入文件的名称"0-10"，选择"装配"模板。完成后单击"确定"按钮。进入装配环境。

2）单击"装配"选项卡，选择"基本"组中的"添加组件"图标，弹出如图 6-15 所示的"添加组件"对话框。单击"打开"按钮，弹出"部件名"对话框，在存储器中选择文件名为"6"的轴部件，并且在对话框的右侧创建轴部件的预览，如图 6-16 所示。

3）单击"确定"按钮，返回"添加组件"对话框，在该对话框中保持默认的组件名"6"不变。在"装配位置"的下拉列表中选择"绝对坐标系-工作部件"选项，系统将按照绝对的定位方式确定部件在系统中的位置。在"图层选项"下拉列表中选择"原始的"选项，系统将保持部件原有的层的位置。完成轴组件设置后的"添加组件"对话框如图 6-17 所示，轴组件的预览如图 6-18 所示。单击"应用"按钮，部件被导入到装配体中。

图 6-14   "新建"对话框

图 6-15   "添加组件"对话框   图 6-16   "部件名"对话框

4）单击"打开"按钮，弹出"部件名"对话框。在存储器中选择文件名为"24"的轴承部件，并且在对话框右侧创建预览。

5）单击"确定"按钮，返回"添加组件"对话框。轴承组件在预览区创建的预览如图 6-19 所示。在"放置"选项卡选择"约束"选项，在"约束类型"选项组中选择"接触对齐"，在"方位"下拉列表中选择"自动判断中心/轴"，完成轴承组件设置后的"添加组件"对话框如图6-20所示。在"组件预览"区中单击轴承的内孔作为相配组件的配对对象，如图 6-21 所示。

图 6-17　"添加组件"对话框 1

图 6-18　轴组件的预览

图 6-19　轴承组件预览

6）在绘图区选择轴的圆柱面作为配合对象，如图 6-22 所示。

7）在对话框的中选择"接触对齐"约束类型，在"方位"下拉列表中选择"接触"；然后在绘图区选择轴的圆柱面作为配合对象，如图 6-23 所示。在"组件预览"中选择轴承的端面作为配合平面，如图 6-24 所示。最后在绘图区选择阶梯轴的表面为配合对象。

图 6-20　"添加组件"对话框 2

图 6-21　选择轴承的内孔面

图 6-22　选择轴的圆柱面

图 6-23　选择轴的圆柱面

8）单击"确定"按钮，完成一个轴承与轴的配合，其效果如图 6-25 所示。

图 6-24　选择轴承端面　　　　　图 6-25　一个轴承与轴配合的效果图

9）按照相同的方法，装配高速轴和另外的轴承。选择轴承的端面和阶梯轴的端面"接触"，轴承的轴线和阶梯轴的轴线"自动判断中心/轴"，其效果如图 6-12 所示。

10）选择"菜单"→"文件"→"保存"选项，保存这个组件。

6.9.2　变速器下箱体装配

本实例完成变速器下箱体的装配，如图 6-26 所示。

图 6-26　变速器下箱体装配

【思路分析】

将已有的实体在 UG 装配环境下，通过一定的装配约束条件，将各个零件装配起来。其装配流程如图 6-27 所示。

【知识要点】

添加组件

图 6-27　变速器下箱体的装配流程

【操作步骤】

1）选择"菜单"→"文件"→"新建"选项，弹出"新建"对话框。选择存盘文件的位置，输入文件的名称"0-0"，选择"装配"模板。完成后单击"确定"按钮，进入对实体进行装配的环境。

2）单击"装配"选项卡，选择"基本"组中的"添加组件"图标，弹出"添加组件"对话框，如图 6-28 所示。单击"打开"按钮，弹出"部件名"对话框，如图 6-29 所示。在存储器中选择文件名为"26"部件。

图 6-28　"添加组件"对话框　　　　　图 6-29　"部件名"对话框

3）单击"确定"按钮后系统返回"添加组件"对话框，在该对话框中保持默认的组件名"26"不变。在"装配位置"的下拉列表中选择"绝对坐标系-工作部件"选项，系统将按照绝对的定位方式确定部件在系统中的位置，同时出现组件预览1，如图6-30所示。在"图层选项"下拉列表中选择"原始的"选项，系统将保持部件的原有的层的位置。单击"应用"按钮，组件被导入到装配体中。

4）单击"打开"按钮，弹出图6-31所示"部件名"对话框，在存储器中选择"0-10"零件，单击鼠标右键创建预览。

5）单击"确定"按钮，返回"添加组件"对话框。组件在预览区创建的预览2如图6-32所示。在"引用集"下拉列表中选择"模型"选项，在"放置"选项卡中选择"约束"选项。系统将按照配对的条件确定部件在装配体中的位置。在"约束类型"选项组中选择"接触对齐"约束类型，在"方位"下拉列表中选择"自动判断中心/轴"，完成设置后的"添加组件"对话框如图6-33所示。

6）在"组件预览"中选择轴承的外圆柱面作为相配组件的配对对象，如图6-34所示。在绘图区选择机座的小半圆槽面作为基础组件配合对象，如图6-35所示单击"应用"按钮。

图6-30　组件预览1

图6-31　"部件名"对话框

7）在"添加组件"对话框中选择"接触对齐"约束类型，在"方位"下拉列表中选择"对齐"，在"组件预览"中选择轴承的端面作为配合平面，如图6-36所示，然后在绘图区选择下箱体的内表面的配合对象，如图6-37所示。单击"应用"按钮，完成高速轴与下箱体的配合，其效果如图6-38所示。

8）单击"确定"按钮，返回"添加组件"对话框，在列表中选择名称为"0-20"的低速轴组件，单击"确定"按钮，添加已有的组件，保持其设置不变，单击"确定"按钮，弹出"配对"对话框。

9）按照相同的方法，装配低速轴组件。选择轴承的端面和基座内表面为"接触对齐"，轴承的轴线和基座圆槽面轴线为"自动判断中心/轴"，其效果如图 6-39 所示。

图 6-32　组件预览 2

图 6-33　"添加组件"对话框

图 6-34　选择轴承的外圆柱面

图 6-35　选择机座的小半圆槽面

图 6-36　选择轴承端面

图 6-37 选择下箱体的内表面　　图 6-38 高速轴与下箱体配合的效果图　　图 6-39 装配低速轴组件的效果图

6.10　练习题

1. 如图 6-40 所示，由已有的组件创建装配模型。

图 6-40　练习 1

2. 如图 6-41 所示，由已有的组件创建装配模型。

图 6-41　练习 2

第 7 章　工程图

导读

　　通过前面几章的学习，我们已经掌握了三维实体零件和装配模型的绘制方式，本章将要讲解如何利用这些三维图快速生成二维的工程图。由于 UG NX 2027 的工程图是基于 UG NX 2027 实体建模的模块，因此，工程图与三维实体模型是完全关联的，实体模型的尺寸、形状和位置的任何改变，都会同时引起二维工程图发生改变。

学　习　要　点

◉　工程图的基本操作

◉　视图的基本操作

◉　工程图的标注功能

7.1 进入工程图

进入工程图有两种方式：

1）选择"菜单"→"文件"→"新建"选项，弹出"新建"对话框，如图 7-1 所示。在对话框中选择"图纸"选项卡，并在列表中选择模板。输入要创建的文件名称，输入要存储文件的文件夹路径，单击"确定"按钮，进入工程图环境。

图 7-1 "新建"对话框

2）单击"应用模块"选项卡，选择"文档"中的"制图"选项，进入工程图环境。

7.1.1 工程图参数设置

当用户进入工程图环境后，在"首选项"下会出现一些关于工程图的参数设置的选项，用户需要对制图环境的参数进行设置，以便进行相关的工程图操作。

7.1.2 制图参数设置

制图首选项的设置是对包括尺寸参数、文字参数、单位和视图参数等制图注释参数的预设置。选择"菜单"→"首选项"→"制图"选项，系统弹出如图 7-2 所示"制图首选项"

对话框。该对话框中包含了 11 个选项卡，用户选择相应的选项卡，对话框中就会出现相应的选项。

下面介绍几种常用参数的设置方法。

- 尺寸：设置与尺寸相关的参数时，根据标注尺寸的需要，用户可以利用对话框中上部的尺寸和直线/箭头工具条进行设置。在尺寸设置中主要有以下几个设置选项：
  - ➤ 尺寸线：根据标注的尺寸的需要，选择箭头之间是否有线，或者修剪尺寸线。
  - ➤ 方向和位置：在下拉列表中可以选择 5 种文本的放置位置，如图 7-3 所示。
  - ➤ 公差文本：可以设置最高 6 位的精度和 10 种类型的公差，图 7-4 所示为可以设置的 10 种公差的形式。
  - ➤ 倒斜角：系统提供了 4 种类型的倒斜角样式，可以设置分隔线样式和间隔，也可以设置指引线的格式。
- 公共："直线/箭头"选项如图 7-5 所示。
  - ➤ 箭头：用于设置剖视图中截面线箭头的参数，用户可以改变箭头的大小和箭头的长度以及箭头的角度。
  - ➤ 箭头线：用于设置剖面延长线的参数。用户可以修改剖面延长线长度以及图形框之间的距离。

直线和箭头相关参数的设置，可以设置尺寸线箭头的类型和箭头的形状参数，同时还可以设置尺寸线、延长线及箭头的显示颜色、线型和线宽。在设置参数时，用户根据要设置的尺寸和箭头的形式，在对话框中选择箭头的类型，并且输入箭头的参数值。如果需要，还可以在下部的选项中改变尺寸线和箭头的颜色。

图 7-2 "制图首选项"对话框

图 7-3 文本的放置位置

图7-4　10种公差形式

图7-5　"直线/箭头"选项

> 符号：符号参数选项可以设置符号的颜色、线型和线宽等参数。

■ 注释：用于设置各种标注的颜色、线条和线宽。

> 剖面线/区域填充：用于设置各种填充线/剖面线样式和类型，并且可以设置角度和线型。在此选项中设置了区域内应该填充的图形以及比例和角度等，如图7-6所示。

■ 表：用于设置二维工程图表格的格式、文字标注等参数。

> 零件明细表：用于指定生成明细栏时，默认的符号、标号顺序、排列顺序和更

新控制等。

➢ 单元格：用于控制表格中每个单元格的格式、内容和边界线设置等。

图 7-6 "剖面线/区域填充"选项

7.2 工程图的基本操作

工程图的基本操作包括新建图纸页、打开图纸页、编辑图纸页等几个基本功能。

7.2.1 新建图纸页

进入工程图环境后，系统弹出"图纸页"对话框，如图 7-7 所示。或进入工程图环境后，选择"菜单"→"插入"→"图纸页"选项，弹出 "图纸页"对话框。

■ 名称：用于输入新建图纸页的名称。输入的名称由系统自动转化为大写形式。用户可以指定相应的图纸页名。

■ 大小 A0 - 841 x 1189 ▾ ：用于指定图纸的尺寸规

图 7-7 "图纸页"对话框

格。可在 A0 - 841 x 1189 ▾ 的下拉列表中选择所需的标准图纸号，也可在"高度"和"长度"文本框中输入用户自己的图纸尺寸。图纸尺寸随所选单位的不同而不同，如果选择"英寸"，则为英寸规格；如果选择"毫米"，则为米制规格。

- 比例：用于设置工程图中各类视图的比例大小，系统默认的设置比例为1:1。
- 投影法：用于设置视图的投影角度方式。系统提供了两种投影角度：第一角投影 ▯◎ 和第三角投影 ◎▯ 。

7.2.2 编辑图纸

进入工程图环境后，选择"菜单"→"编辑"→"图纸页"选项，弹出"图纸页"对话框。

可按7.2.1节介绍创建图纸页的方法，在该对话框中修改已有的图纸页名称、尺寸、比例和单位等参数。修改完成后，系统就会以新的图纸页参数来更新已有的图纸页。在图纸导航器中选择要编辑的片体，单击鼠标右键，选择"编辑图纸页"也可打开相同的对话框。

7.3 视图的基本操作

绘制各种投影视图是工程图模块中最重要的功能。工程图模块拥有各种视图管理功能，如添加视图、移除视图、移动或复制视图、对齐视图和编辑视图等。利用这些功能，用户可以方便地建立所需的工程图。

7.3.1 基本视图

选择"菜单"→"插入"→"视图"→"基本"选项，弹出如图7-8所示的"基本视图"对话框。在要使用的"模型视图"下拉列表中，用户可以选择所需的模型视图。

模型视图指部件模型的各种向视图和轴测图，包括俯视图、仰视图、主视图、后视图、右视图、左视图、正等测图和正三轴测图。这些视图可添加到工程图中作基本视图，并可通过正交投影生成其他视图。

- 要使用的模型视图：用于设置向图纸中添加何种类型的视图。其下拉列表提供了"俯视图""前视图""右视图""后视图""仰视图""左视图""正等测图"和"正三轴测图"八种类型的视图。
- 定向视图工具 ⟳：单击该图标，弹出如图7-9所示的"定向视图工具"对话框。该对话框用于自由旋转、寻找合适的视角、设置关联方位视图和实时预览。设置完成后，单击鼠标中键就可以放置基本视图。
- 比例：用于设置图纸中的视图比例。

【例7-1】 以创建图7-10所示轴的基本视图为例，讲述基本视图的创建步骤。

（1）打开文件。单击"主页"选项卡，选择"标准"组中的"打开"图标 ▱，弹出"打开"对话框。选择轴零件,单击"确定"按钮,进入建模环境。

图 7-8　"基本视图"对话框

图 7-9　"定向视图工具"对话框

图 7-10　轴基本视图

（2）新建文件。选择"菜单"→"文件"→"新建"选项,弹出"新建"对话框,在"模板"列表框中选择"A1-无视图",输入"zhou_dwg1",单击"确定"按钮,进入建模环境。

（3）添加基本视图。

1）选择"菜单"→"插入"→"视图"→"基本"选项,弹出如图 7-8 所示的"基本视图"对话框。

2）单击"定向视图工具"按钮,弹出如图 7-11 所示的"定向视图工具"对话框。在 X 向"指定矢量"下拉列表中选择 XC 轴,并单击"反向"按钮,单击"确定"按钮。

3）此时在窗口中出现所选视图的边框,拖曳视图到窗口的左下方,单击"确定"按钮,则将此视图定位到图样中,即为三视图中的俯视图,如图 7-12 所示。

图 7-11　"定向视图工具"对话框

图 7-12　创建俯视图

（4）创建投影视图。

1）单击"主页"选项卡，选择"视图"组中的"投影视图"图标，弹出"投影视图"对话框，如图 7-13 所示。

2）在图样中单击俯视图作为正交投影的父视图。

3）此时出现正交投影视图的边框，沿垂直方向拖曳视图，在合适位置处单击，将正交投影图定位到图样中，以此视图作为三视图中的正视图，如图 7-14 所示。

4）以同样的方法创建右视图，最终的三视图效果如图 7-10 所示。

技巧：

上述方法可能无法修改背景颜色，另一种方法是在打开轴零件后，可以单击"应用模块"选项卡，选择"文档"→"制图"，进入工程图环境后，在"主页"选项卡中选择"新建图纸页"，选择模板"A1-无视图"后，可以打开"文件"选项卡，选择"首选项"→"背景"就可以更改背景颜色。

图 7-13　"投影视图"对话框

图 7-14　创建正视图

7.3.2　剖视图

单击"主页"选项卡，选择"视图"组中的"剖视图"图标，弹出"剖视图"对话框，如图 7-15 所示。选择合适的模型视图和合适的方向即可创建简单剖视图。

【例 7-2】　在例 7-1 的基础上创建轴的剖视图。

（1）创建剖视图。

1）单击"主页"选项卡，选择"视图"组中的"剖视图"图标，弹出"剖视图"对话框，选择"简单剖/阶梯剖"方法，如图 7-16 所示。选择图 7-17 所示的位置和方向作为剖切线的位置和方向。

图 7-15　"剖视图"对话框　　　　图 7-16　选择"简单剖/阶梯剖"方法

图 7-17　选择剖切线的位置和方向

2）沿水平方向移动鼠标，拖曳剖切视图到理想位置单击，将简单剖视图定位在图样中，效果如图 7-18 所示。

（2）修改标签。

190

1）将光标置于剖视图标签处单击，将其选中，再单击鼠标右键，弹出如图 7-19 所示的快捷菜单，选择其中的"设置"选项，弹出"设置"对话框，如图 7-20 所示。

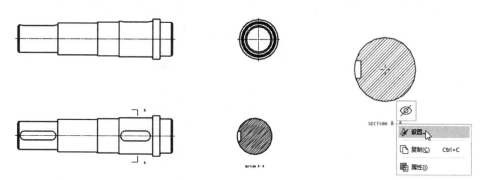

图 7-18　创建简单剖视图　　　　　　　　　　　图 7-19　快捷菜单 1

2）在对话框中选择"截面"→"标签"，然后将"前缀"文本框中的默认字符删除，"位置"设置为"上面"，其他参数保持默认。单击"确定"按钮，图样中的剖视图标签变为"A-A"，如图 7-21 所示。

图 7-20　"设置"对话框　　　　　　　　　　图 7-21　修改后的剖视图标签

（3）修改剖视图。

1）将光标放置于剖视图附近，待光标改变了状态时，单击将其选中，然后单击鼠标右键，弹出如图 7-22 所示的快捷菜单，选择其中的"设置"选项，弹出"设置"对话框。

2）在对话框中选择"截面"→"设置"，取消选择"显示背景"复选框，如图 7-23 所示。

3）选择"设置"对话框的"继承"选项卡，如图 7-24 所示，则以后再产生的视图样式将继承此参数。

4）单击"确定"按钮，则剖视图不显示背景投影线框，如图 7-25 所示。

图 7-22　快捷菜单 2　　　　　　　　　　　图 7-23　"设置"对话框参数

图 7-24　"继承"选项卡　　　　　　　　　　图 7-25　修改后的剖视图

7.3.3　局部放大图

单击"主页"选项卡，选择"视图"组中的"局部放大图"图标，弹出"局部放大图"对话框，如图 7-26 所示。

下面介绍其中主要选项的用法：

- 按拐角绘制矩形：该类型用于指定视图的矩形边界。用户可以通过选择矩形中心点和边界点来定义矩形大小，同时可以通过拖动光标来定义视图边界大小。
- 圆形：该类型用于指定视图的圆形边界。用户可以选择圆形中心点和边界点来定义圆形大小，同时可以拖动光标来定义视图边界大小。

局部放大图如图 7-27 所示。

图 7-26　"局部放大图"对话框

图 7-27　局部放大图

图 7-28　"局部剖"对话框

7.3.4　局部剖视图

单击"主页"选项卡，选择"视图"组中的"局部剖视图"图标，弹出如图 7-28 所示"局部剖"对话框。

（1）创建局部剖视图。

1）选择视图。当系统弹出图 7-28 所示的对话框时，选择视图图标自动激活，并提示选择视图。用户可在绘图区中选择已建立局部剖视边界的视图作为视图。

2）指出基点。基点是用于指定剖切位置的点。选择视图后，指定基点图标被激活，对话框的视图列表框会变为点创建功能选项。在与局部剖视图相关的投影视图中，用点功能选项选择一点作为基点，来指定局部剖视的剖切位置。但是，基点不能选择局部剖视图中的点，而要选择其他视图中的点。

3）指出拉伸矢量：指定了基点位置后，指出拉伸矢量图标被激活，这时绘图区中会显示默认的投影方向，用户可以接受默认方向，也可用矢量功能选项指定其他方向作为投影方向，如果要求的方向与默认方向相反，则可选择"矢量反向"选项使之反向。

4）选择曲线。边界是局部剖视图的剖切范围。可以单击对话框中的"链"按钮选择剖切面，也可直接在图形中选择。

5）修改边界曲线。选择了局部剖视边界后，修改边界曲线的图标被激活。如果选择的边界不理想，可利用该步骤对其进行编辑修改。

局部剖视图与其他剖视图的操作是不同的，局部剖视图是在存在的视图中产生，而不是产生新的剖视图。

（2）编辑局部剖视图。编辑局部剖视图时，首先应选择需要编辑的视图（可在各视图中选择已进行的局部剖切的剖视图），完成选择后，对话框中的指定基点、指定投影方向、选择边界和编辑边界图标同时激活。此时可根据需要修改的内容选择相应图标，按创建剖视图时介绍的方法进行编辑修改。完成局部剖视图的修改后，则局部剖视图会按修改后的内容得到更新。

（3）删除局部剖视图。用户在绘图区中选择已建立的局部剖视图，则系统会删除所选的局部剖视图。

7.3.5　视图对齐

在 UG NX 2027 中可以在单个视图上拖动视图边界，系统会自动判断用户的意图，显示可能对齐的方式。把视图拖动到适当的位置，放下视图，系统能够自动判断中心对齐、边对齐等多种对齐方式，基本上可以满足用户对于视图放置的要求。如果不能满足要求，单击"主页"选项卡，选择"视图"组中的"编辑视图"下拉菜单中的"视图对齐"图标，弹出"视图对齐"对话框，如图 7-29 所示。

图 7-29　"视图对齐"对话框

- 方法：在"视图对齐"对话框中共有五种对齐方法：
  - 叠加：重叠放置两幅视图。
  - 水平：水平放置两幅视图。
  - 竖直：垂直对齐两幅视图。
  - 垂直于直线：两幅视图都和一条指定直线正交对齐。
  - 自动判断：自动推断两幅视图可能的对齐方式。
  - 铰链副：适用于投影的视图和剖视图。使用父视图的铰链线对齐视图。铰链方法使用 3D 模型上的点对齐视图。对于投影视图，此方法仅在投影视图从导入视图创建时可用。
- 对齐：在"视图对齐"对话框中可以选择三种对齐方式：
  - 模型点：使用模型上的点对齐视图。
  - 至视图：使用视图中心点对齐视图。
  - 点到点：移动视图上的一个点到另一个指定点来对齐视图。

7.4 工程图的标注功能

UG NX 2027 支持多种尺寸和文本标注方法，提供了快捷的修改方式。使用全新的操作环境可以更好地与国家标准制图环境匹配。

7.4.1 尺寸标注

尺寸标注用于标识对象的尺寸大小。由于 UG NX 2027 工程图模块和三维实体造型模块是完全关联的，因此，在工程图中进行标注尺寸就是直接引用三维模型真实的尺寸，具有实际的含义，无法像二维软件中的尺寸一样可以进行改动，如果要改动零件中的某个尺寸参数，需要在三维实体中修改。如果三维模型被修改，工程图中的相应尺寸会自动更新，从而保证了工程图与模型的一致性。

"尺寸"组中共包含九种尺寸类型（其余类型可以在"测量"→"方法"中选择），如图 7-30 所示。

图 7-30 "尺寸"组

该组用于选择尺寸的标注样式和标注符号。在标注尺寸前，先要选择尺寸的类型。下面介绍该组中所包含尺寸标注类型。

- 快速：可用单个选项和一组基本选择项从一组常规、好用的尺寸类型快速创建不同的尺寸。以下为"快速尺寸"对话框中的各种"测量"→"方法"：
  - 自动判断：由系统自动推断出选用哪种尺寸标注类型进行尺寸标注。
  - 水平：用于标注工程图中所选对象间的水平尺寸。
  - 竖直：用于标注工程图中所选对象间的垂直尺寸。
  - 斜角：用于标注工程图中所选两直线之间的角度。
  - 点到点：用于标注工程图中所选对象间的平行尺寸。
  - 垂直：用于标注工程图中所选点到直线（或中心线）的垂直尺寸。
  - 圆柱式：用于标注工程图中所选圆柱对象之间的直径尺寸。
- 倒斜角：用于标注对于国家标准的 45º 倒角的标注。
- 线性：可将六种不同线性尺寸中的一种创建为独立尺寸，或者创建为一组链尺寸或基线尺寸。可以创建下列尺寸类型（其中水平、竖直、点到点、垂直、圆柱式与上述快速尺寸中的一致）。
- 孔和螺纹标注：用于标注工程图中所选孔特征的尺寸。
- 径向尺寸：用于创建三个不同的径向尺寸类型中的一种（其中孔标注与线性尺寸中的一致）。

> ➢ 径向 ：用于标注工程图中所选圆或圆弧的半径尺寸。
> ➢ 直径 ：用于标注工程图中所选圆或圆弧的直径尺寸。

7.4.2 尺寸链标注

UG NX 2027 还提供尺寸链进行标注的方式，单击"主页"选项卡，选择"尺寸"组中的"线性"图标 ，在测量"方法"中选择"水平"或"竖直"，即可在"尺寸集"→"方法"下拉列表中选择"链"或者"基线"，如图 7-31 所示。

- 链 ：用来在工程图中生成一个水平方向（XC 轴方向）或者竖直方向（YC 轴方向）上的尺寸链，即生成一系列首尾相连的水平尺寸。
- 基线 ：用来在工程图中生成一个水平方向（XC 轴方向）或者垂直方向（YC 轴方向）的尺寸系列，该尺寸系列分享同一条基线。

7.4.3 编辑尺寸标注

尺寸标注以后，还可以对标注的属性进行编辑。双击标注的尺寸，系统弹出如图 7-32 所示的尺寸标注编辑栏，该栏中相关图标的功能如下：

- 文本设置 ：可以对尺寸、直线/箭头、文字和单位进行设置。
- ☐ x.xx ：用于设置主尺寸小数点后面的位数。
- × ：用于设置尺寸公差的类型，其默认的类型为无公差。在进行公差标注时，选择此选项，系统将弹出如图 7-33 所示的"公差标注类型"下拉列表。
- 其右侧的两个公差值文本框分别用于输入上下偏差的值。
- 编辑附加文本 ：可以在工程图添加必要的图形、符号，以表示零件的某些特征或形位公差等内容。

图 7-31　尺寸链标注　　　图 7-32　尺寸标注编辑栏　　图 7-33　"公差标注类型"下拉列表

7.4.4 实用符号标注

单击"主页"选项卡，选择"注释"组"中心线"下拉菜单，如图 7-34 所示。下面对这些公用符号的操作方法进行说明。

- 中心标记⊕：用于在所选的共线点或圆弧中产生中心线，或在所选择的单个点或圆弧上插入线性中心线。选择该图标后，在可变显示区中指定线性中心线的参数，并用点位置选项选择一个或多个圆弧的中心点或控制点，则系统就会在所选位置插入指定参数的线性中心线，并在选择点位置产生一条垂直线。
- 螺栓圆中心线⟳：用于为沿圆周分布的螺纹孔或控制点插入带孔标记的完整环形中心线。系统提供了两种产生带孔的完整环形中心线的方法：中心点和通过三个或多个点。

图 7-34　"中心线"下拉菜单

- 偏置中心点符号⟊：用于在所选择的圆弧上产生新的定义点并产生中心线。在该对话框中，"点位置"选项处于非激活状态，只能通过输入偏移值的方式来指定偏移中心点的位置。要产生一个偏移中心点，需要设置偏移方式、输入偏移值和设置显示方式。
- 2D 中心线▯：用于在所取得沿长方体分布的对象上产生完整的长方体中心线。
- 3D 中心线▮：用于在圆柱面或非圆柱面的对象上产生圆柱中心线。该选项中的参数 A、B 和 C 的含义分别是中心线线段的间隔距离、指定位置到中心线段的距离和指定位置外中心线的伸长距离。用户还可以对其中的偏移方式参数进行设置，系统共提供了两种偏移方式：偏移距离和偏移对象。
- 自动中心线⟳：系统会自动标识中心线。
- 圆形中心线○：用于在所选择的沿圆周分布的对象上产生完整的环形中心线。
- 对称中心线╟╢：用于在所选择的对象上产生对称的中心线。

7.4.5　定制符号标注

定制符号用于向视图中添加一些特殊的专用符号。用户可以将自己的专用符号存放在 UG 的库中以便应用，同时 UG 还提供大量特殊符号，用户可以直接使用。

选择"菜单"→"插入"→"符号"→"定制"选项，弹出"定制符号"对话框，如图 7-35 所示。

该对话框包含了文件夹视图列表框以及符号视图、位置、放置模式和设置符号参数等选项。当用户创建一个自定义符号时，要先在"文件夹视图"选项中选择符号存放的目录和文件，然后设置符号的尺寸、指定符号的方向和选择放置的模式，最后系统会将定制符号插入到视图中的指定位置。

■ 文件夹视图：该选项用于在当前部件或指定目录中选择定制符号。

■ 原点：

● 原点工具 ：使用原点工具查找图纸页上的表格注释。单击"原点工具"按钮，弹出如图 7-36 所示的"原点工具"对话框。

图 7-35　"定制符号"对话框　　　　图 7-36　"原点工具"对话框

➢ 拖动 ：允许将注释拖到图纸中的位置。

➢ 相对于视图 ：可将独立制图对象（非尺寸）与图纸中包含的制图视图关联。

➢ 水平文本对齐 ：可将注释的文本与另一个注释的文本（目标）水平对齐。

➢ 竖直文本对齐 ：可将注释的文本与另一个注释的文本竖直对齐。

➢ 对齐箭头 ：可将尺寸的箭头线与邻近尺寸的箭头线对齐。

➢ 点构造器 ：可使用任何点构造选项来定位注释的原点。

➢ 偏置字符 ：可从其他注释或尺寸的偏置处定位注释和尺寸。

● 指定位置 ：用于为表格注释指定位置。

■ 符号属性：

- ● 比例：用于设置定制符号显示时的缩放比例。
- ● 角度：用于设置定制符号的放置角度。
- ● 翻转：定制符号的翻转方式用于修改已存在定制符号的放置方向，其中包含：
  - ➢ 水平翻转◪：该选项是将选择的用户自定义符号水平翻转，即作左、右方向上的变换。使用该选项时，应先在视图中选择自定义符号，否则，该图标不能激活。
  - ➢ 竖直翻转◪：该选项是将选择的用户自定义符号垂直翻转，即作上、下方向上的变换。

7.4.6 文本标注

文本包括中文和其他的字符。文本编辑器的功能与 Windows 的文本编辑器的功能类似。用户要创建一段的文本标注，一般要执行以下的操作步骤：

选择"菜单"→"插入"→"注释"→"注释"选项，系统弹出"注释"对话框，如图 7-37 所示。

- ■ 原点：用于设置和调整文字的放置位置。
- ■ 指引线：用于为文字添加指引线，可以通过其下拉列表指定指引线的类型。
- ■ 文本输入：
  - ➢ 编辑文本：用于编辑注释，其功能与一般软件的工具栏相同。具有复制、剪切、加粗、斜体及大小控制等功能。
  - ➢ 格式设置：编辑窗口是一个标准的多行文本输入区，使用标准的系统位图字体，用于输入文本和系统规定的控制符。用户可以在"字体"选项下拉列表中选择所需字体。
  - ➢ 制图：在"符号"→"类别"下拉列表中选择"制图"符号选项时，即进入常用"制图"符号设置状态。

图 7-37 "注释"对话框

当要在视图中标注制图符号时，用户可以在对话框中单击某制图符号按钮，将其添加到注释编辑区，添加的符号会在预览区显示。如果要改变符号的字体和大小，可以用"注释编辑"工具进行编辑。添加制图符号后，可以选择一种定位制图符号的方法，将其放到视图中的指定位置。

- ➢ 形位公差：在"符号"→"类别"下拉列表中选择"形位公差"符号选项时，即进入常用"形位公差"符号设置状态，如图 7-38 所示。

其中列出了各种形位公差符号、基准符号、标注格式以及公差框高度和公差标准选项。当要进行视图的形位公差标注时，首先要选择公差框架格式，可以根据需要选择单个框架或组合框架，然后选择形位公差符号，并输入公差数值和选择公差的标准。如果是位置公差，还应选择隔离线和基准符号。

> 用户定义：在"符号"→"类别"下拉列表中选择"用户定义"符号选项，即可进入"用户定义"符号设置状态，如图 7-39 所示。

如果用户已经定义好了自己的符号库，可以通过指定相应的符号库来加载相应的符号，同时可以设置符号的比例和投影。

图 7-38　常用"形位公差"符号设置状态

图 7-39　"用户定义"符号设置状态

> 1/2 分数：在"符号"→"类别"下拉列表中选择"1/2 分数"选项，即可进入"1/2 分数"设置状态，如图 7-40 所示。用户可以通过上、下部文本来输入数值，而且可以指定分数的类型。

> 关系：在"符号"→"类别"下拉列表中选择"关系"选项，即可进入"关系"设置状态，如图 7-41 所示。可以将物体的表达式、对象属性和零件属性标注出来，并实现连接。

图 7-40　"1/2 分数"设置状态

图 7-41　"关系"设置状态

【例 7-3】以标注轴工程图尺寸为例，讲述尺寸标注和文字标注的操作步骤。

（1）标注水平尺寸。

1）单击"主页"选项卡，选择"尺寸"组中的"线性"图标 ，在"线性"对话框中的"测量"→"方法"中选择"水平"，在俯视图中选择竖直直线上的两个任意点（可以利用界面底端的捕捉工具，捕捉线上不同位置上的点），系统自动弹出水平的尺寸线和尺寸值。

2）选择好要标注的边，拖动尺寸到合适位置，单击，将水平尺寸固定在光标指定的位置处，如图 7-42 所示。

图 7-42　标注水平尺寸

3）单击"主页"选项卡，选择"尺寸"组中的"线性"图标 ，在"线性"对话框中的"测量"→"方法"中选择"水平"。

4）在俯视图中，选择最左端的竖直直线，再选择键槽右端圆弧的最高点。拖动弹出的尺寸到合适位置处，单击固定尺寸，效果如图 7-43 所示。

图 7-43　标注点到线的距离尺寸

（2）标注竖直尺寸。

1）单击"主页"选项卡，选择"尺寸"组中的"线性"图标 ，在"线性"对话框中的"测量"→"方法"中选择"竖直"，在选择好要标注的尺寸后右击，选择"编辑"，弹出"竖直尺寸"编辑栏。

2）在"竖直尺寸"编辑栏的"公差标注类型"下拉列表中选择第三项，使标注的尺寸带双向公差。

3）在上/下偏差右边的选项中将公差小数点位数设置为 3。

4）在公差文本框中输入"上偏差"值为 0、"下偏差"值为 -0.043（上偏差不用输入 +，但下偏差必须输入 -）。完成设置后的"竖直尺寸"编辑栏如图 7-44 所示。

5）将竖直尺寸固定在光标指定的位置处，方法与标注水平尺寸类似，带公差的竖直尺寸如图 7-45 所示。

（3）标注倒角尺寸。

1）单击"主页"选项卡，选择"尺寸"组中的"倒斜角"图标 ，弹出"倒斜角尺寸"对话框。

2）在俯视图中选择左上角的倒角线，拖动弹出的倒角尺寸到合适位置，单击固定尺寸，效果如图 7-46 所示。

图 7-44　"竖直尺寸"编辑栏　　　图 7-45　带公差的竖直尺寸　　　图 7-46　标注倒角

（4）标注圆柱尺寸。

1）单击"主页"选项卡，选择"尺寸"组中的"线性"图标 ，在"线性尺寸"对话框中的"测量"→"方法"中选择"圆柱式"，在俯视图中选择第四段圆柱（从左向右数）的上、下水平线，在选择好要标注的边后右键单击，选择"编辑"，按如图 7-47 所示设置"圆柱尺寸"编辑栏。

2）拖动圆柱尺寸到合适位置处，单击固定尺寸，效果如图 7-48 所示。

图 7-47　"圆柱尺寸"编辑栏　　　图 7-48　带公差的圆柱尺寸

（5）标注径向尺寸。

1）单击"主页"选项卡，选择"尺寸"组中的"径向"图标 ，"直径尺寸"编辑栏中的设置同"圆柱尺寸"编辑栏，按照图 7-47 所示设置公差值。

2）在图样的右视图中选择中间的圆，旋转直径尺寸到合适位置处，单击固定尺寸，效果如图 7-49 所示。工程图的尺寸标注效果如图 7-50 所示。

（6）标注技术要求。

1）选择"菜单"→"插入"→"注释"→"注释"选项或单击"主页"选项卡，选择"注释"组中的"注释"图标 A，弹出如图 7-51 所示的"注释"对话框。

2）在"注释"对话框的文本框中输入技术要求。

3）将技术要求放在工程图中适当的位置，结果如图 7-52 所示。

图 7-49　带公差的直径尺寸　　　　图 7-50　轴零件的工程图

图 7-51　"注释"对话框　　　　　图 7-52　生成的技术要求文本

7.5 实例操作——小端盖工程图

本例绘制小端盖工程图，如图 7-53 所示。

图 7-53 小端盖工程图

【思路分析】

首先新建图纸，打开原文件并放置视图，创建剖视图和局部放大图，添加尺寸标注、公差及文字说明，完成工程图的绘制，小端盖工程图流程如图 7-54 所示。

【知识要点】

（1）选择"菜单"→"文件"→"新建"选项，弹出"新建"对话框，如图 7-55 所示，选择存盘文件的位置，输入文件的名称"xiaoduangai"，在"图纸"选项卡中选择"A3-无视图"。

（2）单击"要创建图纸的部件"中的"打开"按钮，弹出"选择主模型部件"对话框，如图 7-56 所示。单击"打开"按钮，弹出"部件名"对话框，选择第 7 章 xiaoduangai，如图 7-57 所示。单击"确定"按钮，返回"选择主模型部件"对话框；单击"确定"按钮，返回"新建"对话框；单击"确定"按钮，进入工程图环境。

图 7-54　小端盖工程图流程图

图 7-55　"新建"对话框

图 7-56　"选择主模型部件"对话框　　　　　　图 7-57　"部件名"对话框

（3）弹出"基本视图"对话框，如图 7-58 所示。在对话框进行设置，将视图放置在前视图，如图 7-59 所示。

图 7-58 "基本视图"对话框   图 7-59 创建的基本视图

（4）单击"主页"选项卡，选择"视图"组中的"投影视图"图标，弹出"投影视图"对话框，如图 7-60 所示。将投影视图放在绘图区中合适位置，如图 7-61 所示。

（5）单击"主页"选项卡，选择"视图"组中的"剖视图"图标，弹出"剖视图"对话框，如图 7-62 所示。选择"简单剖/阶梯剖"方法，将截面线放置到主视图圆心位置，拖动视图到主视图下方，确定剖视图的位置，修改视图标签。创建的剖视图如图 7-63 所示。

（6）单击"主页"选项卡，选择"视图"组中的"局部放大图"图标，选择"圆形"类型，然后选择圆心和半径，系统自动创建局部放大图，并将放大图放置到视图中适当位置，如图 7-64 所示。

图 7-60 "投影视图"对话框   图 7-61 投影视图

图 7-62　"剖视图"对话框　　　图 7-63　剖视图　　　图 7-64　局部放大图

（7）选择"文件"选项卡，选择"首选项"→"制图"选项，弹出如图 7-65 所示的"制图首选项"对话框。对"尺寸""文字""直线/箭头""符号"和"单位"等选项进行设置。

（8）标注尺寸。

1）标注圆柱尺寸。单击"主页"选项卡，选择"尺寸"组中的"线性"图标⇦，在"线性尺寸"对话框中的"测量"→"方法"中选择"圆柱式"，进行合理的尺寸标注，如图 7-66所示。

图 7-65　"制图首选项"对话框　　　图 7-66　标注圆柱尺寸

2）标注直径尺寸。单击"主页"选项卡，选择"尺寸"组中的"径向"图标 ，选择直径、半径尺寸标注方法，进行合理的尺寸标注，如图 7-67 所示。

图 7-67　标注直径尺寸

3）标注直线的尺寸。单击"主页"选项卡，选择"尺寸"组中的"快速"图标 ，选择"自动判断"方法，进行线性尺寸标注，如图 7-68 所示。

图 7-68　标注直线尺寸

4）标注公差：选择要标注公差的尺寸，单击鼠标右键，在弹出的快捷菜单中选择"编辑"选项，弹出"尺寸标注"编辑栏，输入公差值，如图 7-69 所示。

图 7-69　标注公差

（9）标注的注释。

1）选择"菜单"→"插入"→"注释"→"注释"选项，在"注释"对话框中编辑注释的内容。

2）在"注释"对话框中，选择文本的高度，输入文字，确定文本的位置，最终绘制的效果图如图 7-53 所示。

7.6　练习题

创建如图 7-70 和图 7-71 所示的工程图。

图 7-70　工程图练习 1

图 7-71　工程图练习 2

第 8 章　综合实例

导读

　　本章通过三个实例对于前面所介绍的 UG NX 2027 各个模块的功能加以介绍，使读者对于 UG NX 2027 的功能更加了解。

学 习 要 点

◉ 脚轮实例

◉ 茶壶实例

◉ 机械臂实例

8.1 脚轮实例

脚轮由轮架、轮轴和滚轮组成，下面分别讲述各零件绘制方法以及脚轮的装配方法。

8.1.1 轮架

本例创建的轮架如图 8-1 所示。

图 8-1 轮架

【思路分析】

先在 UG NX 2027 的草绘环境中绘制二维草图轮廓，然后利用"拉伸"创建基本实体，利用孔选项创建轴孔，最后利用"拉伸"和"隐藏"选项完成最后结构的创建，创建轮架的流程如图 8-2 所示。

图 8-2 创建轮架的流程

【知识要点】

🐞 拉伸　　　🐞 孔　　　🐞 隐藏

【操作步骤】

1）选择"菜单"→"文件"→"新建"选项，弹出"新建"对话框，如图 8-3 所示，选择存储文件位置，输入文件的名称"lunjia"，选择"模型"模板，单击"确定"按钮。进入建模环境。

图 8-3　"新建"对话框

2）选择"菜单"→"插入"→"草图"选项，弹出如图 8-4 所示的"创建草图"对话框。系统默认 XC-YC 平面为草图绘制面，单击"确定"按钮，进入草图绘制界面。

3）单击"主页"选项卡，选择"曲线"组中的"轮廓"图标，绘制草图轮廓 1，如图 8-5 所示。

4）单击"设为"工具条中的"设为水平"，"设为竖直"和"设为相切"按钮，对草图添加草图关系。单击"主页"选项卡，选择"求解"组中的"快速尺寸"图标，为草图添加尺寸，如图 8-6 所示。单击"主页"选项卡，选择"草图"组中的"完成"图标，进入建模环境。

5）单击"主页"选项卡，选择"基本"组中的"拉伸"图标，系统弹出如图 8-7 所示的"拉伸"对话框。在"拉伸"对话框中的"限制"选项卡中的"起始"的"距离"文本框中输入 0，在"终止"的"距离"文本框中输入 699，选择上步绘制的草图轮廓 1，创建如图 8-8 所示的拉伸实体 1。

6）单击"主页"选项卡，选择"基本"组中的"孔"图标，系统弹出"孔"对话框，如图 8-9 所示。在文本框中输入"孔径"为 130,"孔深"为 699 以及"顶锥角"为 0,捕捉圆弧中心为孔的放置位置,如图 8-10 所示。单击"确定"按钮,结果如图 8-11 所示。

图 8-4 "创建草图"对话框

图 8-5 绘制草图轮廓 1

图 8-6 标注草图尺寸

图 8-7 "拉伸"对话框 1

图 8-8 创建拉伸实体 1

7)选择"菜单"→"插入"→"草图"选项,弹出"创建草图"对话框。选择实体的内曲面上方相切平面作为草图工作平面，然后单击"确定"按钮，进入草图绘制环境，绘制草图轮廓 2，并加以标注，如图 8-12 所示。最后单击"主页"选项卡，选择"草图"组中的"完成"图标。

图 8-9　"孔"对话框 1

图 8-10　选择孔的放置位置

图 8-11　创建孔 1

8）单击"主页"选项卡，选择"基本"组中的"拉伸"图标，弹出"拉伸"对话框 2，设置"限制"选项组中的值，如图 8-13 所示。在图形中依次选择步骤 7）中所绘草图轮廓 2，然后按"确定"按钮，创建拉伸实体 2，如图 8-14 所示。

9）选择"菜单"→"插入"→"草图"选项，弹出"创建草图"对话框，选择 YOZ 平面作为草图平面，单击"确定"按钮，进入草图绘制环境，绘制草图。单击"主页"选项卡，选择"求解"组中的"快速尺寸"图标，标注尺寸，如图 8-15 所示。

10）单击"主页"选项卡，选择"基本"组中的"拉伸"图标，弹出"拉伸"对话框，如图 8-16 所示。选择步骤 9）绘制的草图轮廓 3 为拉伸曲线，在对话框中设置拉伸深度，创建的拉伸实体 3，如图 8-17 所示。

11）单击"主页"选项卡，选择"基本"组中的"孔"图标 🔷，弹出"孔"对话框，如图 8-18 所示。在此对话框中输入"孔径"为 30、"孔深"为 381、"顶锥角"为 0，在视图中捕捉圆弧中心为孔的中心，如图 8-19 所示。单击"确定"按钮，完成孔 2 的创建，如图 8-20 所示。

图 8-12　绘制草图轮廓 2

图 8-13　"拉伸"对话框 2

图 8-14　创建拉伸实体 2

图 8-15　绘制草图轮廓 3

12）选择"菜单"→"编辑"→"显示和隐藏"→"隐藏"选项，弹出"类选择"对话框，如图 8-21 所示。单击"类型过滤器"按钮，弹出如图 8-22 所示的"按类型选择"对话框。选择"草图"和"基准"，单击"确定"按钮，返回"类选择"对话框。单击"全选"按钮，视图中的所有基准和草图都被选中，单击"确定"按钮，其效果如图 8-1 所示。

图 8-16　"拉伸"对话框 3　　　图 8-17　创建拉伸实体 3　　　图 8-18　"孔"对话框 2

图 8-19　捕捉孔的中心　　　　　图 8-20　创建孔 2

图 8-21　"类选择"对话框

图 8-22　"按类型选择"对话框

8.1.2　轮轴

本例创建的轮轴如图 8-23 所示。

图 8-23　轮轴

【思路分析】

轮轴结构较简单，主要利用"圆柱"选项和"倒斜角"选项创建，其创建的流程如图 8-24 所示。

【知识要点】

　圆柱

　倒斜角

图 8-24　轮轴的流程图

【操作步骤】

1）选择"菜单"→"文件"→"新建"选项，弹出"新建"对话框，选择存盘文件位置，输入文件的名称"zhou"，选择"模型"模板，单击"确定"按钮，进入建模环境。

2）选择"菜单"→"插入"→"设计特征"→"圆柱"选项，弹出"圆柱"对话框，如图 8-25 所示。在文本框中输入圆柱的"直径"为130，"高度"为826。单击"确定"按钮，完成圆柱的生成，如图 8-26 所示。

3）单击"主页"选项卡，选择"基本"组中的"倒斜角"图标◎，弹出"倒斜角"对话框，如图 8-27 所示。选择要倒斜角的轴的上、下边，如图 8-28 所示。在文本框中输入"距离"值为 5，单击"确定"按钮，创建如图 8-23 所示的效果。

图 8-25　"圆柱"对话框

图 8-26　创建的圆柱

图 8-27　"倒斜角"对话框

图 8-28　选择边

8.1.3　滚轮

本例创建的滚轮如图 8-29 所示。

图 8-29　滚轮

【思路分析】

先在 UG NX 2027 的草绘环境中绘制二维草图轮廓，然后利用"旋转"命令创建实体，再创建孔，最后做倒圆处理，创建滚轮的流程如图 8-30 所示。

图 8-30　创建滚轮的流程

【知识要点】

🔘 旋转　　🔘 孔　　🔘 边倒圆

【操作步骤】

1）选择"菜单"→"文件"→"新建"选项，弹出"新建"对话框。选择存盘文件位置，输入文件的名称"gunlun"，选择"模型"模板，单击"确定"按钮，进入建模环境。

2）选择"菜单"→"插入"→"草图"选项，弹出"创建草图"对话框。选择 XC-YC 平面作为草图绘制平面，单击"确定"按钮，进入草图绘制环境，绘制如图 8-31 所示的草图。

3）单击"主页"选项卡，选择"求解"组中的"快速尺寸"图标，为草图添加水平和竖直两个方向尺寸，如图 8-32 所示。

图 8-31　绘制草图

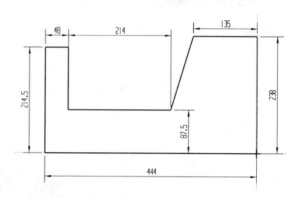

图 8-32　为草图添加尺寸

4）单击"主页"选项卡，选择"曲线"组中的"镜像"图标，系统弹出如图 8-33 所示的"镜像曲线"对话框。选择与 X 轴平行的直线为镜像的轴线，然后选择剩余的几何体作为镜像的几何体，单击"确定"按钮，完成几何体的镜像操作，如图 8-34 所示。单击"主页"选项卡，选择"草图"组中的"完成"图标，退出草绘环境，进入建模环境。

图 8-33　"镜像曲线"对话框

图 8-34　镜像后的几何体

5）单击"主页"选项卡，选择"基本"组中的"旋转"图标，弹出"旋转"对话框，如图 8-35 所示。选择步骤 6）镜像后的几何体为旋转曲线，选择 YC 轴线作为旋转的轴线，拾取坐标原点为旋转点，单击"确定"按钮，创建旋转的实体如图 8-36 所示。

6）单击"主页"选项卡，选择"基本"组中的"孔"图标，弹出"孔"对话框，如图 8-37 所示。在此对话框中输入孔的"直径"为 130、孔的"深度"为 600、"顶锥角"为 0，拾取圆弧中心为孔的中心，如图 8-38 所示。单击"确定"按钮，完成孔的创建，如图 8-39 所示。

图 8-35　"旋转"对话框

图 8-36　旋转实体

图 8-37　"孔"对话框

图 8-38　设置孔的形状、尺寸和位置

图 8-39　创建带孔的实体

7）单击"主页"选项卡，选择"基本"组中的"边倒圆"图标◉，弹出"边倒圆"对话框，如图 8-40 所示。在图形区选择图 8-41 所示的粗线边缘为倒圆的边，输入"半径 1"为 16，单击"确定"按钮，创建边倒圆，如图 8-42 所示。

图 8-40　"边倒圆"对话框

图 8-41　选择边

图 8-42　创建边倒圆

8）选择"菜单"→"编辑"→"显示和隐藏"→"隐藏"选项，弹出"类选择"对话框，如图 8-43 所示。单击"类型过滤器"按钮，弹出如图 8-44 所示的"按类型选择"对话框，选择草图和基准，单击"确定"按钮，返回"类选择"对话框；单击"全选"按钮，视图中所有的草图和基准被选中，单击"确定"按钮，结果如图 8-29 所示。

图 8-43　"类选择"对话框　　　　图 8-44　"按类型选择"对话框

8.1.4　脚轮装配

本例绘制脚轮的装配如图 8-45 所示。

图 8-45　脚轮装配

【思路分析】

创建完脚轮的各个零件后，可以按照一定的配对条件将各个零件装配起来。脚轮装配的流程如图 8-46 所示。

【知识要点】

添加组件　　　创建爆炸图

图 8-46　脚轮装配的流程

【操作步骤】

1）选择"菜单"→"文件"→"新建"选项，弹出"新建"对话框，选择存盘文件位置，输入文件的名称"jiaolun"，选择"装配"模板，单击"确定"按钮，进入装配环境。

2）单击"装配"选项卡，选择"基本"组中的"添加组件"图标，弹出"添加组件"对话框，如图 8-47 所示。

3）单击"打开"按钮，在系统弹出的"部件名"对话框中选择轮架文件，然后单击"确定"按钮，弹出"组件预览"对话框，如图 8-48 所示。返回"添加组件"对话框，在"装配位置"中选择"绝对坐标系-工作部件"，单击"确定"按钮，轮架定位于坐标系原点，如图 8-49 所示。

图 8-48　"组件预览"对话框

图 8-47　"添加组件"对话框

图 8-49　定位轮架

4）单击"装配"选项卡，选择"基本"组中的"添加组件"图标，弹出"添加组件"对话框。选择轮轴为载入部件，弹出"组件预览"对话框，如图 8-50 所示。在"放置"选项卡选择"约束"。在"约束类型"选项卡选择"接触对齐"类型，在"方位"下拉列表中选择"自动判断中心/轴"，分别选择轴的轴线和孔的中心轴线，如图 8-51 所示。选择"约束类型"中的"距离"，分别选择轴的端面和轮架的端面，在"距离表达式"的文本框中输入 63，单击"确定"按钮，完成轮架和轴的装配，如图 8-52 所示。

　　5）单击"装配"选项卡，选择"基本"组中的"添加组件"图标，弹出"添加组件"对话框。选择滚轮为载入部件，系统弹出"组件预览"对话框，如图 8-53 所示。在"放置"选项卡选择"约束"，在"约束类型"选项卡选择"接触对齐"类型，在"方位"下拉列表中选择"自动判断中心/轴"，分别选择孔的轴线和轴的轴线。选择"约束类型"中的"距离"，分别选择脚轮的端面和轮架的端面，在"距离表达式"的文本框中输入 30，然后单击"确定"按钮，完成组件装配，如图 8-54 所示。

图 8-50　"组件预览"对话框

图 8-51　选择轴线

图 8-52　装配后的实体

图 8-53　"组件预览"对话框

图 8-54　装配好的实体

6）选择"菜单"→"装配"→"爆炸"选项，系统弹出如图 8-55 所示的"爆炸"对话框。单击"新建爆炸"按钮，弹出如图 8-56 所示的"编辑爆炸"对话框，使用默认爆炸名称，选择要爆炸的几何体，单击"指定方位"选项，用动态手柄将组件移动到合适的位置。单击"确定"按钮，返回到"爆炸"对话框，单击"关闭"按钮，完成爆炸视图的创建，如图 8-57 所示。

图 8-55　"爆炸"对话框

图 8-56　"编辑爆炸"对话框

图 8-57　创建爆炸视图

8.2　茶壶实例

8.2.1　壶身

本例创建的壶身如图 8-58 所示。

图 8-58　壶身

【思路分析】

　　先在 UG NX 2027 草绘环境中绘制二维草图轮廓，然后利用"旋转"选项创建基本实体，接着利用"扫掠"和"沿引导线扫掠"选项创建茶壶嘴和茶壶把，利用"旋转"选项生成茶壶底，最后对其进行倒圆，创建壶身的流程如图 8-59 所示。

【知识要点】

🍂 旋转　　　　　🍂 圆柱　　　　　🍂 艺术样条
🍂 扫掠　　　　　🍂 边倒圆

图 8-59　创建壶身的流程

【操作步骤】

1）选择"菜单"→"文件"→"新建"选项，弹出"新建"对话框。选择文件存盘的位置，输入文件的名称"hushen"，单位选择"毫米"，单击"确定"按钮，进入建模环境。

2）选择"菜单"→"格式"→"WCS"→"旋转"选项。弹出"旋转 WCS 绕"对话框，如图 8-60 所示。选择"+XC 轴：YC→ZC"，旋转"角度"为 90，单击"确定"按钮，将坐标系进行旋转，如图 8-61 所示。

3）选择"菜单"→"插入"→"草图"选项，弹出如图 8-62 所示的"创建草图"对话框。选择 XC-YC 作为基准平面，单击"确定"按钮，进入草图绘制环境。

图 8-60　"旋转 WCS 绕"对话框　　图 8-61　旋转后的坐标系　　图 8-62　"创建草图"对话框

4）单击"主页"选项卡，选择"曲线"组中的"轮廓"图标┗，按图 8-63 所示，从原点绘制线段 12、线段 23、圆弧 34、线段 45、圆弧 56 和线段 61。注意圆弧 56 与线段 45 是相切关系。

5）设置约束。单击"设为"工具条中的"设为共线"图标/，弹出"设为共线"对话框，在草图中选择图 8-63 所示的线段 12，再单击 Y 轴，单击"应用"按钮；在草图中选择线段 61，再单击 X 轴，单击"确定"按钮。

单击"设为"工具条中的"设为重合"图标/，弹出"设为重合"对话框，选择圆弧 56 的圆心，再单击 Y 轴，单击"确定"按钮。

6）标注尺寸。单击"主页"选项卡，选择"求解"组中的"快速尺寸"图标，分别标注线段 12、线段 23、线段 61 三个尺寸 P0、P1、P5，以及线段 45 的位置尺寸 P2、P6 和长度尺寸 P3；然后再进行修改，分别输入 200、90、30、20、60、150；然后标注圆弧 34 的半径 P4＝144，最后生成如图 8-64 所示的草图。单击"主页"选项卡，选择"草图"组中的完成按钮，回到建模界面。

7）单击"主页"选项卡，选择"基本"组中的"旋转"图标，弹出"旋转"对话框，如图 8-65 所示。选择步骤 6）绘制的草图为旋转曲线，在此对话框中选择"指定矢量"下拉列表中的"YC 轴"，指定坐标原点为旋转点，在"起始"的"角度"和"结束"的"角度"文本框分别输入 0、360，单击"确定"按钮，创建旋转特征，如图 8-66 所示。

图 8-63　绘制草图　　　　图 8-64　标注尺寸　　　　图 8-65　"旋转"对话框

8）单击"菜单"→"格式"→"WCS"→"旋转"选项，弹出"旋转 WCS 绕"对话框，如图 8-67 所示。选择"-XC 轴；ZC→YC"，在"角度"文本框中输入 90，单击"确定"按钮，旋转坐标系，如图 8-68 所示。

图 8-66　创建旋转特征　　　　图 8-67　"旋转 WCS 绕"对话框　　　　图 8-68　旋转坐标系

9）单击"主页"选项卡，选择"基本"组"更多"库中的"圆柱"图标，弹出"圆柱"对话框，如图 8-69 所示。选择"轴、直径和高度"类型，在"指定矢量"下拉列表中选择，单击"点对话框"，弹出"点"对话框，如图 8-70 所示，输入点坐标为（0,0,200）。在"直径""高度"文本框中分别输入 180、8，在"布尔"下拉列表中选择"合并"。单击"确定"按钮，创建圆柱体如图 8-71 所示。

图 8-69　"圆柱"对话框　　　　图 8-70　"点"对话框　　　　图 8-71　创建圆柱体

10）单击"主页"选项卡，选择"基本"组"更多"库中的"圆柱"图标，弹出"圆柱"对话框，如图 8-72 所示。选择"轴、直径和高度"类型，在"指定矢量"下拉列表中选择，在"直径""高度"文本框中分别输入 120、10，在"布尔"下拉列表中选择"合并"。单击"确定"按钮，在坐标原点创建圆柱体，如图 8-73 所示。

11）选择"菜单"→"插入"→"草图"选项，弹出"创建草图"对话框。选择 XC-ZC

基准平面作为基准平面，然后单击"确定"按钮，进入草图绘制环境。

12）单击"主页"选项卡，选择"包含"组中"更多"库中的"投影曲线"图标，弹出"投影曲线"对话框，如图 8-74 所示。在图形中选择图 8-75 所示的边线，最后单击"确定"按钮，选中投影曲线，选择"转换为参考"选项。

图 8-74 "投影曲线"对话框

图 8-72 "圆柱"对话框　　　　图 8-73 创建圆柱体　　　　图 8-75 选择边线

13）单击"主页"选项卡，选择"曲线"组中的"艺术样条"图标，弹出"艺术样条"对话框，如图 8-76 所示。绘制如图 8-77 所示的艺术样条曲线，单击"确定"按钮。

图 8-76 "艺术样条"对话框　　　　图 8-77 绘制艺术样条曲线

14）单击"设为"工具条中的"设为重合"图标 ✗，弹出"设为重合"对话框，在图形中先单击"定义点"按钮 ✐，再单击点 5 和投影边线，完成约束。单击"主页"选项卡，选择"草图"组的"完成"图标 ，回到建模环境。

15）选择"菜单"→"格式"→"WCS"→"原点"选项。弹出"点"对话框，如图 8-78 所示，选择"端点"类型，再单击步骤 14）生成的曲线端点，将坐标系移至曲线的端点处，如图 8-79 所示。

16）选择"菜单"→"格式"→"WCS"→"旋转"选项，系统弹出"旋转 WCS 绕"对话框，如图 8-80 所示，选择"-YC 轴：XC→ZC"选项，在旋转"角度"文本框中输入60，单击"确定"按钮，坐标系旋转后的位置如图 8-81 所示。

图 8-78　"点"对话框　　　　图 8-79　移动坐标系　　　图 8-80　"旋转 WCS 绕"对话框

17）单击"曲线"选项卡，选择"基本"组中的"圆弧/圆"图标 ，系统弹出如图 8-82 所示"圆弧/圆"对话框。勾选"整圆"复选框，选择"从中心开始的圆弧/圆"类型，在"平面选项"下拉列表中选择"选择平面"选项，在"指定平面"下拉列表中选择"XC-YC 平面"，在"中心点"选项单击"点对话框"按钮 ，打开如图 8-83 所示的"点"对话框，将坐标点设置在原点，单击"确定"按钮，返回到"圆弧/圆"对话框，在"终点选项"下拉列表中选择"半径"选项，在"半径"文本框中输入 35，单击"确定"按钮，完成曲线圆的绘制，如图 8-84 所示的圆。

18）选择"菜单"→"格式"→"WCS"→"原点"选项，弹出"点"对话框，如图 8-85 所示。选择"端点"类型，然后选择曲线的另一端点作为原点位置，单击"确定"按钮，移动坐标系如图 8-86 所示。

19）单击"曲线"选项卡，选择"基本"组中的"圆弧/圆"图标 ，系统弹出"圆弧/圆"对话框。勾选"整圆"复选框，选择"从中心开始的圆弧/圆"类型，在"平面选项"下拉列表中选择"选择平面"选项，在"指定平面"下拉列表中选择"XC-YC 平面"，在"中心点"选项单击"点对话框"按钮 ，打开"点"对话框，将坐标点设置在原点，单击"确定"按钮，返回到"圆弧/圆"对话框，在"终点选项"下拉列表中选择"半径"选项，在

"半径"文本框中输入 10，单击"确定"按钮，完成曲线圆的绘制，如图 8-87 所示的圆。

图 8-81　坐标系旋转后的位置

图 8-82　"圆弧/圆"对话框

图 8-83　"点"对话框

图 8-84　绘制曲线圆

20）选择"菜单"→"插入"→"扫掠"→"扫掠"选项，系统弹出"扫掠"对话框，如图 8-88 所示。在图形中选择样条曲线为引导线，如图 8-89 所示。在图形区选择圆形截面线，以产生第一条截面线的向量方向，如图 8-90 所示。截取完第一条截面线后按鼠标中键再选择截面线，以产生第二条截面线的向量方向，如图 8-91 所示。单击"确定"按钮，完成曲面的创建。

21）单击"主页"选项卡，选择"基本"组中的"合并"图标🍱，弹出"合并"对话框，如图 8-92 所示。在绘图区中选择所有实体，系统创建的实体如图 8-93 所示。

图 8-85　"点"对话框

图 8-86　移动坐标系

图 8-87　绘制曲线圆

图 8-88　"扫掠"对话框

图 8-89　引导线　　　　　图 8-90　选择第一条截面线　　　图 8-91　选择第二条截面线

22）选择"菜单"→"插入"→"草图"选项，弹出"创建草图"对话框。选择图 8-94 所示的基准平面作为草绘平面，然后单击"确定"按钮，进入草图绘制环境。

23）单击"主页"选项卡，选择"包含"组中"更多"库中的"投影曲线"图标，弹出"投影曲线"对话框。在图形中选择如图 8-94 所示的边线，单击"确定"按钮。

图 8-92　"合并"对话框　　　　图 8-93　创建的实体　　　　图 8-94　选择边线

24）单击"主页"选项卡，选择"曲线"组中的"艺术样条"图标，弹出"艺术样条"对话框，如图 8-95 所示。按照图 8-96 所示依次选择点，单击"确定"按钮，绘制如图 8-96 所示的艺术样条曲线。

25）单击"主页"选项卡，选择"求解"组中的"快速尺寸"图标，标注尺寸，如图 8-97 所示。单击"完成"图标，返回建模环境。

26）选择"菜单"→"格式"→"WCS"→"原点"选项，弹出"点"对话框，如图 8-98 所示。选择图 8-97 所示艺术样条曲线上的点，将坐标系移至该点处，如图 8-99 所示。

27）选择"菜单"→"格式"→"WCS"→"旋转"选项，弹出"旋转 WCS 绕"对话框，如图 8-100 所示，选择"-YC 轴：XC→ZC"，旋转的"角度"为 30，单击"确定"按钮，旋转坐标如图 8-101 所示。

图 8-95 "艺术样条"对话框

图 8-96 绘制艺术样条曲线

图 8-97 标注尺寸

图 8-98 "点"对话框

图 8-99 移动坐标系   图 8-100 "旋转 WCS 绕"对话框   图 8-101 旋转坐标系

28）单击"主页"选项卡，选择"构造"组中"基准"下拉菜单中的"基准平面"图标◆，弹出如图 8-102 所示的"基准平面"对话框。选择"点和方向"类型，指定原点为通过点，在"指定矢量"下拉列表中选择"ZC 轴"，单击"确定"按钮，完成基准平面的创建，如图 8-103 所示。

图 8-102 "基准平面"对话框   图 8-103 创建基准面

29）选择"菜单"→"插入"→"草图"选项，弹出"创建草图"对话框。选择步骤 28）创建的基准平面作为草绘平面，单击"点对话框"按钮，弹出"点"对话框，在对话框中输入坐标（0,0,0），单击"确定"按钮，返回到"创建草图"对话框，然后单击"确定"按钮，进入草图绘制环境。

30）单击"主页"选项卡，选择"曲线"组的"更多"库中的"椭圆"图标○，弹出如图 8-104 所示的"椭圆"对话框，单击"点对话框"按钮，弹出"点"对话框，在对话框中输入坐标（0,0,0），单击"确定"按钮，返回到"椭圆"对话框，在"大半径"文本框中输入 25，在"小半径"文本框中输入 12，单击"确定"按钮，完成椭圆的创建，单击"完成"图标，完成草图的创建，如图 8-105 所示。

31）选择"菜单"→"插入"→"扫掠"→"扫掠"选项，弹出"扫掠"对话框，如图 8-106 所示。选择图 8-107 所示的样条曲线作为引导线。选择椭圆作为扫掠截面，如图 8-108 所示。

32）选择"菜单"→"插入"→"组合"→"合并"选项，弹出"合并"对话框。将壶身和扫掠体进行合并操作，如图 8-109 所示。

33）单击"主页"选项卡，选择"基本"组中的"边倒圆"图标，弹出"边倒圆"对话框，如图 8-110 所示。在绘图区选择图 8-111 所示的粗线边缘为倒圆的边，在"半径 1"中输入 10，单击"确定"按钮，结果如图 8-112 所示。

图 8-104　"椭圆"对话框

图 8-105　绘制草图

图 8-106 "扫掠"对话框

图 8-107 选择样条曲线作为引导线

图 8-108 选择扫掠截面

图 8-109 合并壶身和扫掠体创建实体

34）单击"主页"选项卡，选择"基本"组中的"抽壳"图标 ⬡，弹出"抽壳"对话框，如图 8-113 所示。选择"打开"类型，在图形中选择壶身外壳上平面，如图 8-114 所示。在"抽壳"对话框 "厚度"文本框中输入 5，单击"确定"按钮，完成抽壳操作，创建的壳体如图 8-115 所示。

图 8-110　"边倒圆"对话框

图 8-111　选择边 1

图 8-112　边倒圆

图 8-113　"抽壳"对话框

图 8-114　选择外壳平面

图 8-115　生成壳体

35）单击"曲线"选项卡，选择"曲线"组中的"相交曲线"图标，弹出如图 8-116 所示的"相交曲线"对话框。在图形中选择第一组面，如图 8-117 所示。在"第二组"选项，"指定平面"下拉列表中选择"XC-ZC 平面"，如图 8-118 所示。在"相交曲线"对话框中单击"确定"按钮，最后完成相交曲线如图 8-119 所示。

图 8-116　"相交曲线"对话框

图 8-117　选择第一组面

图 8-118　选择第二组面

图 8-119　创建相交曲线

36）选择"菜单"→"格式"→"WCS"→"原点"选项，弹出"点"对话框，选择"圆弧中心/椭圆中心/球心"类型，如图 8-120 所示。选择图 8-119 所示的圆弧，将坐标系移至其圆心处，结果如图 8-121 所示。

37）选择"菜单"→"格式"→"WCS"→"旋转"选项，弹出"旋转 WCS 绕"对话框，如图 8-122 所示。选择"XC 轴：YC→ ZC"，在"角度"文本框中输入 90，单击"确定"按钮，旋转坐标系，如图 8-123 所示。

图 8-120 "点"对话框

图 8-121 移动坐标系

图 8-122 "旋转 WCS 绕"对话框

图 8-123 旋转坐标系

38）单击"曲线"选项卡，选择"基本"组中的"圆弧/圆"图标，系统弹出如图 8-124 所示"圆弧/圆"对话框。选择"从中心开始的圆弧/圆"类型，在"平面选项"下拉列表中选择"选择平面"，在"指定平面"下拉列表中选择"XC-YC 平面"，在"中心点"选项，单击"点对话框"按钮，弹出如图 8-125 所示的"点"对话框，输入坐标（0,0,0）指定原点为圆心，单击"确定"按钮，返回到"圆弧/圆"对话框，在"终点选项"下拉列表中选择"点"，通过点坐标为"0，−15,0"，起始"角度"为 0，终止"角度"为 90，单击"确定"按钮，完成圆弧的创建，如图 8-126 所示。

39）单击"主页"选项卡，选择"构造"组中的"草图"图标，弹出"创建草图"对话框；以 XC→YC 作为基准平面，单击"确定"按钮，进入草图绘制环境，绘制如图 8-127 的草图。单击"主页"选项卡，选择"编辑"组中"修剪"图标，选择剪切的边，修剪掉多余的曲线，如图 8-128 所示，单击"主页"选项卡，选择"求解"组中的"快速尺寸"图标，标注尺寸，完成草图的绘制，如图 8-129 所示。单击"主页"选项卡，选择"草图"

组中的"完成"图标。

图 8-124　"圆弧/圆"对话框

图 8-125　"点"对话框

图 8-126　绘制圆弧

40）选择"菜单"→"格式"→"WCS"→"原点"选项，弹出"点"对话框。选择"弧/圆/球中心"类型，单击茶壶上面的圆，将坐标系移至其圆心处，如图 8-130 所示。

图 8-127　绘制草图

图 8-128　修剪草图

图 8-129　修剪后的草图

41）单击"主页"选项卡，选择"基本"组中的"旋转"图标 ✎，弹出"旋转"对话框，如图 8-131 所示。依次选择草图中所绘的全部曲线，如图 8-132 所示，系统返回"旋转"对话框。选择"XC 轴"为旋转轴，然后单击"确定"按钮，创建旋转体，如图 8-133 所示。

图 8-130　移动坐标系

图 8-131　"旋转"对话框

图 8-132　选择曲线

图 8-133　创建旋转体

42）选择"菜单"→"插入"→"草图"选项，弹出"创建草图"对话框。在图形中单击 XC→YC 基准平面，单击"确定"按钮，进入草图绘制环境，绘制如图 8-134 所示的草图。

43）单击"主页"选项卡，选择"基本"组中的"拉伸"图标，弹出"拉伸"对话框，如图 8-135 所示。在图形中选择刚绘制的曲线，如图 8-136 所示。输入"起始"和"终止""距离"，如图 8-135 所示，单击"确定"按钮，创建拉伸特征。

图 8-134　生成草图　　　　图 8-135　"拉伸"对话框　　图 8-136　选择拉伸的曲线

44）单击"主页"选项卡，选择"基本"组中的"修剪体"按钮，弹出"修剪体"对话框，如图 8-137 所示。在图形区域内选择壶体作为修剪体目标，如图 8-138 所示；在图形中选择拉伸平面为工具，注意单击"反向"按钮，可调节修剪体的方向，如图 8-139 所示。修剪后的实体如图 8-140 所示。

图 8-137　"修剪体"对话框　　　　　　　　图 8-138　选择修剪体目标

图 8-139　修剪体方向　　　　　　　　图 8-140　修剪后的实体

45）选择"菜单"→"编辑"→"显示和隐藏"→"隐藏"选项，弹出"类选择"对话框，如图 8-141 所示。单击"类型过滤器"按钮，系统弹出如图 8-142 所示的"按类型选择"对话框。选择"曲线""草图""片体"和"基准"，单击"确定"按钮。返回"类选择"对话框。单击"全选"按钮，单击"确定"按钮，隐藏曲线后的实体如图 8-143 所示。

图 8-141　"类选择"对话框　　　图 8-142　"按类型选择"对话框　　　图 8-143　隐藏曲线后的实体

46）单击"主页"选项卡，选择"基本"组中的"边倒圆"图标，弹出"边倒圆"对话框，如图 8-144 所示。在图形区选择图 8-145 所示的粗线边缘为倒圆的边，在"半径 1"中输入 2，单击"确定"按钮，创建边倒圆，如图 8-146 所示。

47）单击"主页"选项卡，选择"基本"组中的"边倒圆"图标，弹出"边倒圆"对话框，在图形区选择图 8-147 所示的粗线边缘为倒圆的边，在"半径 1"中输入 10，单击"确定"按钮，创建边倒圆，如图 8-148 所示。

48）选择"菜单"→"插入"→"草图"选项，弹出"创建草图"对话框。选择 YC-XC 作为基准平面，单击"确定"按钮，进入草图绘制环境。在壶底绘制如图 8-149 所示的草图。

图 8-144　"边倒圆"对话框

图 8-145　选择边

图 8-146　创建边倒圆

图 8-147　选择边

图 8-148　创建边倒圆

图 8-149　绘制草图

49）单击"主页"选项卡，选择"基本"组中的"旋转"图标◈，弹出"旋转"对话框，如图 8-150 所示。在图形中依次选择步骤 48）草图中所绘的全部曲线，选择 XC 轴为旋转轴，单击"确定"按钮，创建的旋转体即加固底座如图 8-151 所示。

图 8-150　"旋转"对话框　　　　　图 8-151　加固底座

50）单击"主页"选项卡，选择"基本"组中的"边倒圆"图标◈，弹出"边倒圆"对话框。在图形区选择图 8-152 所示的粗线边缘为倒圆的边，在"半径 1"中输入 3，单击"确定"按钮，创建的边倒圆如图 8-153 所示。

图 8-152　选择边　　　　　　　　图 8-153　创建边倒圆

8.2.2 壶盖

本例绘制的壶盖如图 8-154 所示。

图 8-154　壶盖

【思路分析】

先在 UG NX 2027 的草绘环境中绘制二维草图轮廓，然后应用"旋转"选项创建实体，创建壶盖的流程如图 8-155 所示。

图 8-155　创建壶盖的流程

【知识要点】

❀ 旋转　　　　　❀ 隐藏　　　　　❀ 边倒圆

【操作步骤】

1）单击"菜单"→"文件"→"新建"选项，弹出"新建"对话框，选择文件存盘的位置，输入文件的名称"hugai"，"单位"选择"毫米"，单击"确定"按钮，进入建模环境。

2）选择"菜单"→"插入"→"草图"选项，弹出"创建草图"对话框，选择默认基准，进入草图绘制区，绘制如图 8-156 所示草图。单击"主页"选项卡，选择"求解"组中的"快速尺寸"图标，对草图进行尺寸标注。

3）单击"主页"选项卡，选择"基本"组中的"旋转"图标，弹出"旋转"对话框，如图 8-157 所示。选择步骤 2）创建的草图为旋转曲线，以 YC 轴为旋转轴，单击"确定"按钮，创建的旋转体如图 8-158 所示。

4）单击"菜单"→"编辑"→"显示和隐藏"→"隐藏"选项，弹出"类选择"对话框，单击"类型过滤器"按钮，系统弹出如图 8-159 所示的"按类型选择"对话框；选择"草图"和"基准"，单击"确定"按钮，返回到"类选择"对话框，单击"全选"按钮，单击"确定"按钮，将其隐藏，其结果如图 8-160 所示。

图 8-156　绘制草图并标注尺寸　　　　图 8-157　"旋转"对话框

图 8-158　创建的旋转体　　图 8-159　"按类型选择"对话框　　图 8-160　隐藏后的实体

5）单击"主页"选项卡，选择"基本"组中的"边倒圆"图标，弹出"边倒圆"对话框，在图形区选择图 8-161 所示的粗线边缘为倒圆的边 1，在"半径 1"文本框中输入 2，单击"确定"按钮，创建边倒圆如图 8-162 所示。

图 8-161　选择边 1

图 8-162　创建边倒圆 1

6）单击"主页"选项卡，选择"基本"组中的"边倒圆"图标 ，弹出"边倒圆"对话框，在图形区选择图 8-163 所示的粗线边缘为倒圆的边 2，在"半径 1"文本框中输入 1.5，单击"确定"按钮，创建边倒圆 2，如图 8-164 所示。

图 8-163　选择边 2

图 8-164　创建边倒圆 2

7）单击"主页"选项卡，选择"基本"组中的"边倒圆"图标 ，弹出"边倒圆"对话框，在图形区选择图 8-165 所示的粗线边缘为倒圆的边 3，然后在"半径 1"文本框输入 3，单击"确定"按钮，创建边倒圆 3，如图 8-166 所示。

图 8-165　选择边 3

图 8-166　创建边倒圆 3

8.2.3　茶壶装配

本例绘制茶壶的装配，如图 8-167 所示。

图 8-167　茶壶

【思路分析】

　　将上面生成的实体在 UG 装配环境下，通过一定的装配约束条件将各个零件装配起来。茶壶的装配流程如图 8-168 所示。

图 8-168　茶壶的装配流程

【知识要点】

添加组件　　创建爆炸图

【操作步骤】

　　1）选择"菜单"→"文件"→"新建"选项，弹出"新建"对话框。在"名称"文本框中输入"chhzp"，在"模板"中选择"装配"，单击"确定"按钮，进入装配环境。

　　2）单击"装配"选项卡，选择"基本"组中的"添加组件"图标，弹出"添加组件"对话框，如图 8-169 所示。

　　3）单击"打开"按钮，弹出"部件名"对话框，选择壶身，弹出壶身"组件预览"，如图 8-170 所示，在"添加组件"对话框的"装配位置"下拉列表中选择"绝对坐标系-工作部件"选项，在"图层选项"选项中选择"原始的"，单击"确定"按钮，完成组件的添加。

　　4）选择"菜单"→"编辑"→"显示和隐藏"→"隐藏"选项，弹出"类选择"对话框，单击"类型过滤器"按钮，弹出如图 8-171 所示的"按类型选择"对话框，选择片体、曲线、草图和基准，单击"确定"按钮，返回"类选择"对话框；单击"全选"按钮，将其隐藏，如图 8-172 所示。

图 8-169　"添加组件"对话框

图 8-170　壶身"组件预览"

图 8-171　"按类型选择"对话框

图 8-172　隐藏后的壶身

5）单击"装配"选项卡，选择"基本"组中的"添加组件"图标🔧，弹出"添加组件"对话框，如图 8-173 所示。加载"hugai"部件，然后单击"确定"按钮，同时弹出组件预览，如图 8-174 所示。在"添加组件"对话框的"放置"选项选择"约束"，在"约束类型"选项组选择"接触对齐"类型，在"方位"下拉列表中选择"接触"，选择相互配合的两个平面如图 8-175 所示，单击"应用"按钮。

图 8-173 "添加组件"对话框　　　　　　　　　　图 8-174 组件预览

6）在"方位"下拉列表中选择"自动判断中心/轴"，分别选择壶盖的旋转中心和茶壶的旋转中心，最后单击"确定"按钮。至此，两个组件已经完全约束，完成装配后的实体如图 8-176 所示。

图 8-175 选择相互配合的平面　　　　　　　　图 8-176 完成装配后的实体

7）选择"菜单"→"装配"→"爆炸"选项，弹出如图 8-177 所示的"爆炸"对话框。单击"新建爆炸"按钮，弹出如图 8-178 所示的"编辑爆炸"对话框，在图形中选择茶壶盖为要爆炸的组件，如图 8-179 所示，选择"指定方向"选项，选择 YC 轴，输入距离值为 50，如图 8-180 所示，单击"确定"按钮，返回到"爆炸"对话框，单击"关闭"按钮，完成爆炸，如图 8-181 所示。

图 8-177　"爆炸"对话框

图 8-178　"编辑爆炸"对话框

图 8-179　选择要爆炸的组件

图 8-180　输入距离值

图 8-181　创建的爆炸图

8.3 机械臂实例

8.3.1 小臂

本例创建的机械臂小臂如图 8-182 所示。

 【思路分析】

图 8-182 机械臂小臂

首先利用"块"和"凸起"选项绘制小臂的基体，在基体上创
建凸起、孔和沟槽特征，完成小臂的创建。创建机械臂小臂的流程如图 8-183 所示。

图 8-183 创建机械臂小臂的流程

 【知识要点】

 块　　　　凸起　　　　孔　　　　拉伸

 【操作步骤】

1）选择"菜单"→"文件"→"新建"选项，弹出"新建"对话框。在"模板"列表
框中选择"模型"，输入"ARM01"，单击"确定"按钮，进入建模环境。

2）单击"主页"选项卡，选择"基本"组"更多"库中的"块"图标 ，弹出如图 8-184
所示的"块"对话框。以坐标点（-8，-8，0）为角点。在"长度""宽度"和"高度"文本框
中分别输入 16、16、13。单击"确定"按钮，创建块特征，如图 8-185 所示。

3）单击"主页"选项卡，选择"特征"组"更多"库中的"凸起"图标 ，弹出如
图 8-186 所示的"凸起"对话框，在"指定方向"下拉列表中选择"ZC 轴"，在"几何体"
下拉列表中选择"凸起的面"，在"距离"文本框中输入 50，单击"绘制截面"按钮 ，
弹出"创建草图"对话框，选择块的上面为草图绘制平面，单击"点对话框"按钮 ，弹出
"点"对话框，输入原点坐标（0，0，13），单击"确定"按钮，返回到"创建草图"对话框，
单击"确定"按钮，进入草图绘制环境，绘制如图 8-187 所示的草图，单击"完成"按钮 ，

返回到"凸起"对话框，选择绘制的草图为截面曲线，选择块上面为要凸起的面，单击"确定"按钮，完成凸起 1 的创建，如图 8-188 所示。

图 8-184　"块"对话框　　　　　　　　图 8-185　创建块特征

图 8-186　"凸起"对话框　　　　图 8-187　绘制草图　　　图 8-188　创建凸起 1

4）选择"菜单"→"插入"→"草图"选项，弹出"创建草图"对话框，选择面 1 为草图工作平面，单击"确定"按钮，进入草图绘制界面，绘制如图 8-189 所示的草图，单击"完成"按钮，完成草图的创建。

5）单击"主页"选项卡，选择"基本"组中的"拉伸"图标，系统弹出如图 8-190 所示的"拉伸"对话框。选择步骤 4）绘制的草图为拉伸截面曲线，在"指定矢量"下拉列表中选择"-XC 轴"，"终止"的"距离"设置为 16，在"布尔"下拉列表中选择"合并"，单击"确定"按钮，完成拉伸特征的创建，如图 8-191 所示。

| 图 8-189　绘制草图 | 图 8-190　"拉伸"对话框 | 图 8-191　创建拉伸特征 |

6）选择"菜单"→"插入"→"草图"选项，弹出"创建草图"对话框，选择面 2 为草图工作平面，单击"确定"按钮，进入草图绘制界面，绘制如图 8-192 所示的草图，单击"完成"按钮，完成草图的创建。

7）单击"主页"选项卡，选择"基本"组中的"拉伸"图标，系统弹出如图 8-193 所示的"拉伸"对话框。选择步骤 6）绘制的草图为拉伸截面曲线，在"指定矢量"下拉列表中选择"YC 轴"，在"终止"下拉列表中选择"直至下一个"，在"布尔"下拉列表中选择"减去"，单击"确定"按钮，完成拉伸特征的创建，如图 8-194 所示。

8）单击"主页"选项卡，选择"基本"组中的"孔"图标，弹出如图 8-195 所示的"孔"对话框。选择"简单"类型。在"孔径"文本框中输入 8，"孔深"文本框中输入 16。捕捉拉伸体底面圆弧中心为孔放置位置，单击"确定"按钮，创建孔调整，如图 8-196 所示。

图 8-192　绘制草图

图 8-193　"拉伸"对话框

图 8-194　创建拉伸特征

图 8-195　"孔"对话框

图 8-196　创建孔特征

9）单击"主页"选项卡，选择"特征"组"更多"库中的"凸起"图标◆，弹出如图 8-197 所示的"凸起"对话框，在"指定方向"下拉列表中选择"ZC 轴"，在"几何体"下拉列表中选择"凸起的面"，在"距离"文本框中输入 10，在"拔模"下拉列表中选择"从截面"，在"拔模角"文本框中输入 10，单击"绘制截面"按钮，弹出"创建草图"对话框，选择凸起 1 的上面为草图绘制平面，单击"确定"按钮，进入草图绘制环境，绘制如图 8-198 所示的草图，单击"完成"按钮，返回到"凸起"对话框，选择绘制的草图为截面曲线，选择凸起 1 的上面为要凸起的面，单击"确定"按钮，完成凸起 2 的创建，如图 8-199 所示。

图 8-197　"凸起"对话框　　　图 8-198　绘制草图　　图 8-199　创建凸起 2

10）单击"主页"选项卡，选择"基本"组中"更多"库中的"槽"图标，弹出如图 8-200 所示的"槽"对话框。选择"矩形"，同时弹出"矩形槽"放置面选择对话框。选择凸起 2 的外表面为槽放置面。弹出"矩形槽"参数输入对话框。在"槽直径"和"宽度"文本框中分别输入 12、2，单击"确定"按钮。在绘图区依次选择凸起 1 上表面圆弧和槽下表面圆弧为定位边缘，弹出"创建表达式"对话框。在文本框中输入 0，单击"确定"按钮，创建矩形槽，如图 8-201 所示。

图 8-200 "槽"对话框

图 8-201 创建矩形槽

11）单击"主页"选项卡，选择"特征"组"更多"库中的"凸起"图标 ，弹出如图 8-202 所示的"凸起"对话框，在"指定方向"下拉列表中选择"ZC 轴"，在"几何体"下拉列表中选择"凸起的面"，在"距离"文本框中输入 10，单击"绘制截面"按钮，弹出"创建草图"对话框，选择凸起 2 的上面为草图绘制平面，单击"确定"按钮，进入草图绘制环境，绘制如图 8-203 所示的草图，单击"完成"按钮，返回到"凸起"对话框，选择绘制的草图为截面曲线，选择凸起 2 的上面为要凸起的面，单击"确定"按钮，完成凸起 3 的创建，如图 8-204 所示。

图 8-202 "凸起"对话框

图 8-203 绘制草图

图 8-204 创建凸起 3

同理在凸起 2 的上表面对称位置创建另一个垫块，如图 8-182 所示。

8.3.2 基座

本例创建的机械臂基座如图 8-205 所示。

 【思路分析】

首先利用"块"选项绘制底座，再利用"圆锥"选项绘制臂的主体，在主体上绘制凸起，并添加凸起和孔特征，完成基座的创建，其流程如图 8-206 所示。

图 8-205 机械臂基座

图 8-206 创建机械臂基座的流程

 【知识要点】

🐌 块 　　　　🐌 圆锥 　　　　🐌 孔

 【操作步骤】

1）选择"菜单"→"文件"→"新建"选项，弹出"新建"对话框，在"模板"列表框中选择"模型"，输入"ARM02"，单击"确定"按钮，进入建模环境。

2）单击"主页"选项卡，选择"基本"组"更多"库中的"块"图标🔲，弹出"块"对话框。以坐标点（-50,-50,0）为角点创建长度、宽度和高度为 100、100、10 的块，结果如图 8-207 所示。

3）选择"菜单"→"插入"→"设计特征"→"圆锥"选项，弹出如图 8-208 所示的"圆锥"对话框。选择"直径和高度"类

图 8-207 创建块特征

型。在"底部直径""顶部直径"和"高度"文本框中分别输入 50、30、100。在"布尔"下拉列表中选择"合并",单击"确定"按钮,创建圆锥特征,如图 8-209 所示。

4)单击"主页"选项卡,选择"特征"组"更多"库中的"凸起"图标 ◆,弹出如图 8-210 所示的"凸起"对话框,在"指定方向"下拉列表中选择"ZC 轴",在"几何体"下拉列表中选择"凸起的面",在"距离"文本框中输入 15,单击"绘制截面"按钮 ⬚,弹出"创建草图"对话框,选择圆锥的上面为草图绘制平面,单击"确定"按钮,进入草图绘制环境,绘制如图 8-211 所示的草图,单击"完成"按钮 ❄,返回到"凸起"对话框,选择绘制的草图为截面曲线,选择圆锥上面为要凸起的面,单击"确定"按钮,完成凸起的创建,如图 8-212 所示。

图 8-208 "圆锥"对话框

图 8-209 创建圆锥特征

图 8-210 "凸起"对话框

5)选择"菜单"→"插入"→"草图"选项,弹出"创建草图"对话框,选择面 1 为草图工作平面,单击"确定"按钮,进入草图绘制界面,绘制如图 8-213 所示的草图,单击"完成"按钮 ❄,完成草图的创建。

图 8-211 绘制草图

图 8-212 创建凸起

6）单击"主页"选项卡，选择"基本"组中的"拉伸"图标，系统弹出如图 8-214 所示的"拉伸"对话框。选择步骤 5）绘制的草图为拉伸截面曲线，在"指定矢量"下拉列表中选择"-XC 轴"，"终止"的"距离"设置为 20，在"布尔"下拉列表中选择"合并"，单击"确定"按钮，完成拉伸特征的创建，如图 8-215 所示。

图 8-213　绘制草图　　　　　　图 8-214　"拉伸"对话框　　　　图 8-215　创建拉伸特征

7）选择"菜单"→"插入"→"草图"选项，弹出"创建草图"对话框，选择面 2 为草图工作平面，单击"确定"按钮，进入草图绘制界面，绘制如图 8-216 所示的草图，单击"完成"按钮，完成草图的创建。

8）单击"主页"选项卡，选择"基本"组中的"拉伸"图标，系统弹出如图 8-217 所示的"拉伸"对话框。选择步骤 7）绘制的草图为拉伸截面曲线，在"指定矢量"下拉列表中选择"YC 轴"，在"终止"下拉列表中选择"直至下一个"选项，在"布尔"下拉列表中选择"减去"，单击"确定"按钮，完成拉伸特征的创建，如图 8-218 所示。

9）单击"主页"选项卡，选择"基本"组中的"孔"图标，弹出如图 8-219 所示的"孔"对话框。选择"简单"类型，在"孔径"文本框中输入 12，在"孔深"文本框中输入 20，在"布尔"下拉列表中选择"减去"选项，捕捉圆弧圆心为孔的位置，如图 8-220 所示。单击"确定"按钮，创建孔特征如图 8-221 所示。

图 8-216　绘制草图

图 8-217　"拉伸"对话框

图 8-218　创建拉伸特征

图 8-219　"孔"对话框

图 8-220　捕捉圆弧圆心

图 8-221　创建孔特征

10）单击"主页"选项卡，选择"基本"组中的"孔"图标，弹出如图 8-222 所示的"孔"对话框。选择"沉头"类型。在"孔径""沉头直径""沉头深度""孔深"和"顶锥角"的文本框分别输入 11、18、2、10、0。选择块的上表面为草图放置面，创建点，即沉头孔定位如图 8-223 所示。单击"确定"按钮，创建沉头孔，如图 8-224 所示。

图 8-223　沉头孔定位

图 8-222　"孔"对话框

图 8-224　创建沉头孔

11）选择"菜单"→"插入"→"关联复制"→"阵列特征"选项，弹出"阵列特征"对话框，选择沉头孔为要阵列的特征，对对话框进行设置，如图 8-225 所示。单击"确定"按钮，结果如图 8-226 所示。

12）单击"主页"选项卡，选择"基本"组中的"边倒圆"图标，弹出如图 8-227 所示的"边倒圆"对话框。在绘图区中选择长方体的四条棱边为要倒圆的边，如图 8-228 所示，并在"半径 1"文本框中输入 5。单击"确定"按钮，结果如图 8-205 所示。

图 8-225 "阵列特征"对话框

图 8-226 阵列沉头孔后的零件体

图 8-227 "边倒圆"对话框

图 8-228 选择倒圆边

8.3.3 转动关节

本例创建的机械臂转动关节如图 8-229 所示。

图 8-229　机械臂转动关节

【思路分析】

　　本例利用"凸起""拉伸"和"孔"命令，在大臂的基体上创建转动关节，用于连接基座及大臂，创建机械臂转动关节的流程如图 8-230 所示。

图 8-230　创建机械臂转动关节的流程

【知识要点】

　　🦟 凸起　　　　　🦟 拉伸　　　　　🦟 孔

🔍【操作步骤】

　　1）选择"菜单"→"文件"→"新建"选项，弹出"新建"对话框，在"模板"列表框中选择"模型"，输入"ARM03"，单击"确定"按钮，进入建模环境。

　　2）单击"主页"选项卡，选择"基本"组"更多"库中的"块"图标🧊，弹出如图 8-231所示的"块"对话框。以坐标点（-10,-10,0）为角点，创建"长度""宽度"和"高度"

为 20、20、5 的长方体，如图 8-232 所示。

图 8-231 "块"对话框

图 8-232 创建块特征

3）单击"主页"选项卡，选择"特征"组"更多"库中的"凸起"图标 ◆，弹出如图 8-233 所示的"凸起"对话框，在"指定方向"下拉列表中选择"ZC 轴"，在"几何体"下拉列表中选择"凸起的面"，在"距离"文本框中输入 80，单击"绘制截面"按钮 ，弹出"创建草图"对话框，选择块的上面为草图绘制平面，单击"点对话框"按钮 ，弹出"点"对话框，输入原点坐标（0,0,5），单击"确定"按钮，返回到"创建草图"对话框，单击"确定"按钮，进入草图绘制环境，绘制如图 8-234 所示的草图，单击"完成"按钮 ，返回到"凸起"对话框，选择绘制的草图为截面曲线，选择块上面为要凸起的面，单击"确定"按钮，完成凸起的创建，如图 8-235 所示。

图 8-233 "凸起"对话框

图 8-234 绘制草图   图 8-235 创建凸起

4）选择"菜单"→"插入"→"草图"选项，弹出"创建草图"对话框，选择面 1 为草图工作平面，单击"确定"按钮，进入草图绘制界面，绘制如图 8-236 所示的草图，单击"完成"按钮，完成草图的创建。

5）单击"主页"选项卡，选择"基本"组中的"拉伸"图标，系统弹出如图 8-237 所示的"拉伸"对话框。选择步骤 4）绘制的草图为拉伸截面曲线，在"指定矢量"下拉列表中选择"-XC 轴"，在"终止"下拉列表中选择"直至下一个"选项，在"布尔"下拉列表中选择"减去"，单击"确定"按钮，完成拉伸特征的创建，如图 8-238 所示。

图 8-236　绘制草图　　　　图 8-237　"拉伸"对话框　　　图 8-238　创建拉伸特征

6）单击"主页"选项卡，选择"基本"组中的"边倒圆"图标，弹出"边倒圆"对话框。在绘图区中选择凸起的两条棱边为要倒圆的边，如图 8-239 所示，并在"半径 1"文本框中输入 10。单击"确定"按钮，结果如图 8-240 所示。

图 8-239　选择倒圆边　　　　　　　　图 8-240　倒圆角

7）选择"菜单"→"插入"→"草图"选项，弹出"创建草图"对话框，选择右基准面为草图工作平面，单击"确定"按钮，进入草图绘制界面，绘制如图 8-241 所示的草图，单击"完成"按钮，完成草图的创建。

8）单击"主页"选项卡，选择"基本"组中的"拉伸"图标，系统弹出如图 8-242 所示的"拉伸"对话框。选择步骤 7）绘制的草图为拉伸截面曲线，在"指定矢量"下拉列表中选择"XC轴"，在"宽度"下拉列表中选择"对称值"选项，在"距离"文本框中输入 12，在"布尔"下拉列表中选择"合并"，单击"确定"按钮，完成拉伸特征的创建，如图 8-243 所示。

图 8-241　绘制草图　　　　图 8-242　"拉伸"对话框　　　　图 8-243　创建拉伸特征

9）单击"主页"选项卡，选择"基本"组中的"孔"图标，弹出如图 8-244 所示的"孔"对话框。选择"简单"类型。在"孔径""孔深"和"顶锥角"的文本框分别输入 8、5、0。捕捉上端圆弧中心为孔放置位置，如图 8-245 所示。单击"确定"按钮，创建孔特征如图 8-246 所示。

同理，在底端圆弧中心创建"孔径""孔深"和"顶锥角"为 12、12、0 的简单孔，如图 8-229 所示。

图 8-244 "孔"对话框

图 8-245 捕捉孔位置

图 8-246 创建孔

8.3.4 机械臂装配

本例完成的机械臂装配如图 8-247 所示。

图 8-247 机械臂装配

【思路分析】

　　本节将介绍机械臂装配的具体步骤和方法，将机械臂的三个零部件：基座，转动关节和小臂装配成完整的机械臂。其装配流程如图 8-248 所示。

图 8-248　机械臂的装配流程

【知识要点】

🔍添加组件　　　🔍建立爆炸视图

【操作步骤】

　　1）选择"菜单"→"文件"→"新建"选项，弹出"新建"对话框，选择"装配"模板，输入文件名为 ARM。

　　2）单击"装配"选项卡，选择"基本"组中的"添加组件"图标🔧，弹出"添加组件"对话框，如图 8-249 所示。单击"打开"按钮📂，弹出"部件名"对话框。选择已存的零部件文件，单击右侧"预览"复选框，可以预览已存的零部件。选择"ARM02.prt"文件，右侧预览窗口中显示出该文件中保存的基座实体。单击"确定"按钮，弹出基座组件预览，如图 8-250 所示。

　　3）在"添加组件"对话框中，"引用集"选项选择"模型"选项，在"装配位置"下拉列表中选择"绝对坐标系-工作部件"选项，"图层选项"选择"原始的"选项，单击"确定"按钮，完成按绝对坐标定位方法添加基座，如图 8-251 所示。

　　4）单击"装配"选项卡，选择"基本"组中的"添加组件"图标🔧，弹出"添加组件"对话框。单击"打开"按钮📂，弹出"部件名"对话框，选择"ARM03.prt"文件，右侧预览窗口中显示出转动关节实体的预览图。单击"确定"按钮，弹出转动关节组件预览，如图 8-252 所示。

5）在"添加组件"对话框"放置"选项组中选择"约束"选项，在"约束类型"选项组中选择"接触对齐"类型，在"方位"下拉列表中选择"接触"，用光标首先在"组件预览"窗口中选择基座的右侧端面，接下来在绘图区中选择转动关节端面，进行配对约束，如图 8-253 所示。

图 8-249　"添加组件"对话框

图 8-250　基座组件预览

图 8-251　添加基座

图 8-252　转动关节组件预览

图 8-253　创建基座与转动关节的配对约束

6）选择"同心"约束类型，用光标首先在"组件预览"窗口中选择基座上端孔，接下来在绘图区中选择转动关节上端孔，进行同心约束，如图 8-254 所示。单击 "确定"按钮，完成基座与转动关节的装配，如图 8-255 所示。

图 8-254　创建基座与转动关节的同心约束　　　　图 8-255　基座与转动关节的装配

7）单击"装配"选项卡，选择"基本"组中的"添加组件"图标，弹出"添加组件"对话框。单击"打开"按钮，弹出"部件名"对话框，选择"ARM01.prt"文件，右侧预览窗口中显示出小臂的预览图。单击"确定"按钮，弹出小臂组件预览，如图 8-256 所示。

8）在"添加组件"对话框中，选择"同心"约束类型，用光标首先在"组件预览"窗口选择转动关节上的孔，接下来在绘图区中选择小臂上的孔，如图 8-257 所示。

9）在"添加组件"对话框中，选择"平行"约束类型，首先在"组件预览"窗口中选择小臂中块的上面，接下来在绘图区中选择转动关节上面，如图 8-258 所示。若方向相反，可选择"反转选定组件锚点的 Z 向"按钮，完成转动关节与小臂的装配，如图 8-259 所示。

10）选择"菜单"→"装配"→"爆炸"选项，弹出"爆炸"对话框，如图 8-260 所示。单击"新建爆炸"按钮，弹出如图 8-261 所示的"编辑爆炸"对话框，接受默认爆炸名，在绘图区中选择小臂组件为要爆炸的组件，单击"指定方位"选项，在绘图区中直接选择 Z 轴，输入距离值 50，如图 8-262 所示，然后按 Enter 键，完成爆炸。

按同样方法完成剩余零件的爆炸，单击"确定"按钮，返回到"爆炸"对话框，单击"关闭"按钮，完成爆炸图的创建，如图 8-263 所示。

图 8-256　小臂组件预览

图 8-257　创建转动关节与小臂的同心约束

图 8-258　创建转动关节与小臂的平行约束

图 8-259　转动关节与小臂的装配

图 8-260　"爆炸"对话框

图 8-261　"编辑爆炸"对话框

图 8-262   指定爆炸距离

图 8-263   爆炸机械臂组件

8.4   练习题

1. 绘制图 8-264～图 8-267 所示滑动轴承的四个零件图。

图 8-264   滑动轴承的上盖

图 8-265 滑动轴承的上、下轴衬

图 8-266 滑动轴承的轴衬固定套

图 8-267 滑动轴承的轴承座

2. 绘制图 8-268 所示滑动轴承的装配图。

图 8-268　滑动轴承装配图